"十四五"职业教育国家规划教材

物联网技术应用——智能家居

第 3 版

主　编　刘修文
副主编　朱林清　俞　建　王新新
参　编　欧阳萍　赵　宣　周　恒　袁水新　刘旭毅
　　　　余　刚　苏庆昌　石　磊　梁海姗　徐　洋
　　　　沈　洁　易轩宇　易国胜

机械工业出版社

"智慧家居"已写入了国家"十四五"规划纲要，它正从"孤岛式"的单品智能向"万物互联"的全屋智能蜕变。为适应新形势，本书在第 2 版的基础上进行了修订，及时更新和补充了新知识、新技术、新产品和新案例。主要体现在以下 4 方面：一是突出介绍智能家居领域的知名品牌，如海尔、华为、绿米、欧瑞博等；二是由介绍智能家居功能转为介绍智慧场景；三是由只介绍智能家居硬件转为硬件、软件结合介绍；四是重点介绍家庭网络、人工智能技术、无主灯智能照明和智慧居家养老。

本书通俗易懂，图文并茂；内容新颖，实用性、操作性强；配套资源丰富，形式多样；编写团队专业，由一线教师、企业技术人员与品牌代理商共同编写，案例讲解便于教学。本书可以作为高等职业院校物联网应用技术、应用电子技术、智能控制技术等专业的教材，也可作为广大装饰装修电工、智能家居和智能小区的从业人员的自学参考用书。

本书配有微课视频，扫描二维码即可观看。另外，本书配有电子课件，需要的教师可登录机械工业出版社教育服务网（www.cmpedu.com）免费注册，审核通过后下载，或联系编辑索取（微信：13261377872，电话：010-88379739）。

图书在版编目（CIP）数据

物联网技术应用：智能家居 / 刘修文主编 . —3 版 . —北京 : 机械工业出版社，2022.7（2025.1 重印）
"十三五"职业教育国家规划教材
ISBN 978-7-111-70958-9

Ⅰ . ①物…　Ⅱ . ①刘…　Ⅲ . ①物联网-应用-住宅-智能建筑-高等职业教育-教材　Ⅳ . ①TU241-39

中国版本图书馆 CIP 数据核字（2022）第 099127 号

机械工业出版社（北京市百万庄大街 22 号　邮政编码 100037）
策划编辑：和庆娣　　责任编辑：和庆娣　孙　业
责任校对：张艳霞　　责任印制：常天培

北京铭成印刷有限公司印刷

2025 年 1 月第 3 版·第 9 次印刷
184mm×260mm · 13.5 印张 · 332 千字
标准书号：ISBN 978-7-111-70958-9
定价：59.00 元

电话服务　　　　　　　　　　网络服务
客服电话：010-88361066　　机 工 官 网：www.cmpbook.com
　　　　　010-88379833　　机 工 官 博：weibo.com/cmp1952
　　　　　010-68326294　　金 书 网：www.golden-book.com
封底无防伪标均为盗版　　机工教育服务网：www.cmpedu.com

关于"十四五"职业教育
国家规划教材的出版说明

为贯彻落实《中共中央关于认真学习宣传贯彻党的二十大精神的决定》《习近平新时代中国特色社会主义思想进课程教材指南》《职业院校教材管理办法》等文件精神，机械工业出版社与教材编写团队一道，认真执行思政内容进教材、进课堂、进头脑要求，尊重教育规律，遵循学科特点，对教材内容进行了更新，着力落实以下要求：

1. 提升教材铸魂育人功能，培育、践行社会主义核心价值观，教育引导学生树立共产主义远大理想和中国特色社会主义共同理想，坚定"四个自信"，厚植爱国主义情怀，把爱国情、强国志、报国行自觉融入建设社会主义现代化强国、实现中华民族伟大复兴的奋斗之中。同时，弘扬中华优秀传统文化，深入开展宪法法治教育。

2. 注重科学思维方法训练和科学伦理教育，培养学生探索未知、追求真理、勇攀科学高峰的责任感和使命感；强化学生工程伦理教育，培养学生精益求精的大国工匠精神，激发学生科技报国的家国情怀和使命担当。加快构建中国特色哲学社会科学学科体系、学术体系、话语体系。帮助学生了解相关专业和行业领域的国家战略、法律法规和相关政策，引导学生深入社会实践、关注现实问题，培育学生经世济民、诚信服务、德法兼修的职业素养。

3. 教育引导学生深刻理解并自觉实践各行业的职业精神、职业规范，增强职业责任感，培养遵纪守法、爱岗敬业、无私奉献、诚实守信、公道办事、开拓创新的职业品格和行为习惯。

在此基础上，及时更新教材知识内容，体现产业发展的新技术、新工艺、新规范、新标准。加强教材数字化建设，丰富配套资源，形成可听、可视、可练、可互动的融媒体教材。

教材建设需要各方的共同努力，也欢迎相关教材使用院校的师生及时反馈意见和建议，我们将认真组织力量进行研究，在后续重印及再版时吸纳改进，不断推动高质量教材出版。

机械工业出版社

前　　言

党的二十大报告指出，加快节能降碳先进技术研发和推广应用，倡导绿色消费，推动形成绿色低碳的生产方式和生活方式。随着人工智能（AI）、物联网（IoT）、5G以及云计算等技术的发展，智能家居正在从物理空间向智能空间、单品智能向生态系统智能、单一场景向全屋场景转型，智慧化、生态化、全屋化，将成为未来家居的发展方向。全球知名市场研究机构IDC预计未来五年中国智能家居设备市场出货量将以21.4%的复合增长率持续增长，到2025年，智能家居设备市场出货量将接近5.4亿台。

2021年4月6日，住房和城乡建设部等十六部门联合印发《关于加快发展数字家庭提高居住品质的指导意见》（简称《指导意见》），就加快发展数字家庭、提高居住品质、改善人居环境提出4方面15项意见。《指导意见》明确指出：要"加强数字家庭系统基础平台建设、加强与相关平台对接、推进智能家居产品跨企业互联互通和质量保障、强化网络和数字安全保障"。

家居智能化可以让普通的家居生活变得更加智慧、安全、舒适、便利以及更具艺术性；就连在中国载人空间站里，也能享受全屋智能家居生活。航天员可以按照个人需求，通过手持终端上的App调节舱内照明环境，睡眠模式、工作模式、运动模式……不同的舱内灯光，能够调节航天员的情绪，避免长时间处于单调的环境所带来的不适。中国载人空间站的照明环境模拟了日出、中午、黄昏和夜晚等多个自然状态，最大限度地为身处太空的宇航员营造了地球的生活氛围。

本书自2015年出版以来，多次重印，受到广大读者的一致好评。随着智能家居技术的进一步发展，书中的内容需要更新和补充。这次再版，更新和补充的内容主要有以下4方面：一是突出介绍智能家居领域的知名品牌，如海尔、华为、绿米、欧瑞博等；二是由介绍智能家居功能转为介绍智慧场景；三是由只介绍智能家居硬件转为硬件、软件结合介绍；四是重点介绍家庭网络、人工智能技术、无主灯智能照明和智慧居家养老。同时，还详细介绍了全屋智能家居领域的新知识、新技术、新产品和新案例。

本书通俗易懂，图文并茂；内容新颖，实用性、操作性强；配套资源丰富，形式多样；编写团队专业，由一线教师、企业技术人员与品牌代理商共同编写，案例讲解便于教学。

本书由刘修文任主编，并负责全书的策划、制定目录和编写，朱林清、俞建、王新新任副主编，负责提供技术资料、产品实物图片和制作配套资源。参加本书编写的还有欧阳萍、赵宣、周恒、袁水新、刘旭毅、余刚、苏庆昌、石磊、梁海姗、徐洋、沈洁、易轩宇、易国胜。

本书在编写过程中，得到了绿米联创科技有限公司创始人、董事长兼CEO游延筠的大力支持，得到了青岛海尔智能家电科技有限公司、深圳阜时科技有限公司副总经理王李冬子、华隆科技有限公司总经理杨维军和副总经理柳星、移康智能科技（上海）股份有限公司、西铁照明中山有限公司、西安众家智装电子科技有限公司、山东电子职业技术学院、衡阳欧瑞博全宅智能家居官方旗舰店等的技术支持，同时参考了大量近期出版的专业图书和网络技术资料。在此表示衷心的感谢和诚挚的谢意！

鉴于智能家居产业在我国发展迅猛，智能家居技术日新月异，产品标准尚未统一，加之编者水平有限，书中难免存在疏漏与不足，恳请专家和广大读者不吝赐教。

编　者

二维码资源清单

序号	名　称	图　形	页码	序号	名　称	图　形	页码
1	1.2　智能家居的基本概念		5	10	2.5　物联网技术		39
2	1.3　智能家居的主要特征		9	11	3.1　人工智能技术概述		45
3	1.4　智能家居相关技术		10	12	3.2　语音识别技术		53
4	1.5　智能家居系统的组成		13	13	3.3　人脸识别技术		57
5	1.5.1　智能家居的主要功能		14	14	3.3.2　基本原理		58
6	实训1　参观智能家居体验中心-全屋智能场景		20	15	3.4.2　基本原理		63
7	2.1.1　家庭网络规划设计及布线		21	16	4.1　无主灯智能照明概述		69
8	2.2.2　电力线载波技术		27	17	4.1.3　智慧照明		71
9	2.3.1　ZigBee技术		30	18	4.1.4　智能照明控制系统组成		72

（续）

序号	名　称	图　形	页码	序号	名　称	图　形	页码
19	4.2　无主灯常用的灯具		73	28	6.6　海尔智家工程案例		139
20	4.3.3　基本要求		86	29	实训6　参观海尔智家体验店		147
21	4.3.4　基本步骤		88	30	7.4.1　Aqara人体传感器		166
22	5.1.1　智慧居家养老的概念		94	31	7.4.6　Aqara门窗传感器		173
23	5.2　智慧居家养老系统功能		97	32	7.4.7　温湿度传感器		173
24	5.3　智慧居家养老系统硬件		101	33	7.4.9　Aqara水浸传感器		175
25	5.4　智慧居家养老系统软件		107	34	8.2　智能主机		190
26	5.5　家庭养老床位		111	35	8.3.3　中控屏		193
27	6.2.1　智慧门厅与客厅-指纹锁		118	36	实训8　参观华为全屋智能体验馆		204

目　录

第1章 智能家居概述

本章要点

- 了解智能家居的有关概念及智能家居在我国的发展情况。
- 熟悉智能家居的特征与相关技术。
- 熟悉智能家居的产业链与国家标准。
- 掌握智能家居系统的组成。

1.1 智能家居的起源与发展

1.1.1 智能家居的起源

智能家居的起源可从 1984 年 1 月算起。当时美国联合科技公司将建筑设备信息化、整合化概念应用于美国康涅狄格州哈特福特市的一幢旧金融大厦的改建时，采用计算机系统对大楼的空调、电梯、照明等设备进行监测和控制，并提供语音通信、电子邮件和情报资料等方面的信息服务。于是出现了世界公认的第一幢"智能建筑"，从此也揭开了全世界争相建造智能家居的序幕。

最著名的智能家居要算比尔·盖茨的豪宅。比尔·盖茨在他的《未来之路》一书中以很大篇幅描绘他当时正在华盛顿湖建造的私人豪宅。他描绘自己的住宅是"由硅片和软件建成的"并且要"采纳不断变化的尖端技术"。经过 7 年的建设，1997 年，比尔·盖茨的豪宅终于建成，如图 1-1 所示。他的这个豪宅完全按照智能住宅的概念建造，不仅具备高速上网的专线，所有的门窗、灯具、电器都能够通过计算机控制，而且有一个高性能的服务器作为管理整个系统的后台。

图 1-1 比尔·盖茨的豪宅

自从世界上第一幢智能建筑在美国出现后，加拿大、欧洲、澳大利亚和东南亚等经济比较发达的国家和地区先后提出了各种智能家居的方案。智能家居在美国、德国、新加坡、日本等国都有广泛应用。

1.1.2　智能家居在国内的发展

在国内，智能家居不是一个单独的产品，也不是传统意义上的"智能小区"概念，而是基于小区的多层次家居智能化解决方案。它综合利用计算机、网络通信、家电控制、综合布线等技术，将家庭智能控制、信息交流及消费服务、小区安防监控等家居生活有效地结合起来，在传统"智能小区"的基础上实现了向家的延伸，创造出高效、舒适、安全、便捷的个性化住宅空间。

我国的智能家居起步较晚，但发展较快，大致经历了 4 个阶段，分别是萌芽起步阶段、开创发展阶段、融合演变阶段、成熟阶段。

1. 萌芽起步阶段（2000 年之前）

这是智能家居在我国的第一个发展阶段，智能家居在国内是一个新生事物，整个行业还处在一个概念熟悉、产品认知的阶段，这时还没有出现专业的智能家居生产厂商，仅有少数代理和销售国外智能家居产品的公司，从事进口零售业务，产品多数销售给在我国居住的欧美用户。

1997 年 10 月，建设部（2008 年 3 月 15 日后改为住房和城乡建设部）发布了我国智能建筑领域的第一个法规，即建设部建设〔1997〕290 号文《建筑智能化系统工程设计管理暂行规定》。这个法规的出台，标志着我国智能建筑领域发展无序状态的结束，规范有序发展的开始。

2. 开创发展阶段（2000—2010 年）

从 2000 年开始，通过广播、电视、网络、报纸、杂志等新闻媒体的广泛宣传，智能家居的概念在国内逐步进入企业和家庭。在深圳、上海、天津、北京、杭州、厦门等城市，先后成立了五十多家智能家居研发生产企业。智能家居的市场逐渐启动。房地产企业也开始使用"智能小区""智能家居"等名词，以增加待售房屋的卖点。2005 年以后，由于技术等因素的制约和智能家居企业的快速成长所导致的激烈竞争，智能家居行业遭遇了市场的调整，部分智能家居生产企业退出市场，部分企业缩减了市场规模。与此同时，国外的智能家居品牌却逐步进入我国市场，如罗格朗、霍尼韦尔、施耐德、Control4 等。正如任何新技术的发展一样，这一阶段经历了从第一波快速发展到进入自我调整的稳定发展时期。

2006 年 12 月 29 日，建设部颁布《智能建筑设计标准》，编号为 GB/T 50314—2006，自 2007 年 7 月 1 日起实施，原《智能建筑设计标准》GB/T 50314—2000 同时废止。

3. 融合演变阶段（2010—2030 年）

这一阶段，应该说与各种新技术的发展融合造就的新一波信息化发展有关。这一阶段的典型技术以物联网、移动互联网、云计算、大数据以及 2016 年突然发力的人工智能等息息相关。2015 年 4 月，住建部颁布了新的《智能建筑设计标准》，编号为 GB/T 50314—2015。

在这一阶段，国内大批科技企业进入智能家居市场，如海尔、小米、华为等。另外，房地产企业也开始与科技企业联姻，未来智能家居或成为住宅标配。

此外，智能家居产品也从单纯的智能硬件的零散局部化的智能控制，开始与云计算、大数据以及人工智能等紧密结合，逐步向平台和生态转变，智能家居正向着更加智能甚至智慧的方向发展。

在 5G 与 AIoT 技术的深度融合下，智能家居进入了新阶段，这个阶段与以往相比，最大的区别，一是系统性的全屋智能，根据用户需求定制全屋智能家居系统；二是智能家居与物联网和人工智能技术的全面结合，通过对场景化数据的搜集、整理和反馈应用，打造可以自主感知用户需求，提供智能化服务的场景产品。

IDC《中国智能家居设备市场季度跟踪报告，2021 年第四季度》显示，2021 年第四季度中国智能家居设备市场出货量为 6 337 万台，同比增长 4.1%。2021 年我国智能家居设备市场出货量超过 2.2 亿台，同比增长 9.2%；预计 2022 年出货量将突破 2.6 亿台，同比增长 17.1%。

国家"十四五"规划中特别提出了数字化应用场景建设的专栏（即专栏 9），其中提出了要重点建设的 10 类数字化应用场景，包括：智能交通、智慧能源、智能制造、智慧农业及水利、智慧教育、智慧医疗、智慧文旅、智慧社区、智慧家居和智慧政务。"智慧家居"首次写入了"十四五"规划纲要。

国家政策加快了智能家居的发展。2021 年 4 月 6 日住房和城乡建设部、工信部、公安部等十六部门联合印发《关于加快发展数字家庭提高居住品质的指导意见》（简称《指导意见》），就加快发展数字家庭、提高居住品质、改善人居环境提出 4 方面 15 项意见。

同时明确了数字家庭建设的发展目标，为数字化家庭建设提供了良好的政策指导环境。

《指导意见》明确指出：到 2022 年底，数字家庭相关政策制度和标准基本健全，基础条件较好的省、市、自治区至少有一个城市或市辖区开展数字家庭建设，基本形成可复制、可推广的经验和生活服务模式。

到 2025 年底，构建比较完备的数字家庭标准体系；新建全装修住宅和社区配套设施，全面具备通信连接能力，拥有必要的智能产品；既有住宅和社区配套设施，拥有一定的智能产品，数字化改造初见成效；初步形成房地产开发、产品研发生产、运营服务等有序发展的数字家庭产业生态；健康、教育、娱乐、医疗、健身、智慧广电及其他数字家庭生活服务系统较为完善。

同时，《指导意见》明确了以下三个方面的重点任务，是"十四五"期间我国智能家居行业的重点发展方向。

1）明确数字家庭服务功能。满足居民获得家居产品智能化服务的需求；满足居民线上获得社会化服务的需求；满足居民线上申办政务服务的需求。

2）强化数字家庭工程设施建设。加强智能信息综合布线；强化智能产品在住宅中的设置；强化智能产品在社区配套设施中的设置。

3）完善数字家庭系统。加强数字家庭系统基础平台建设；加强与相关平台对接；推进智能家居产品跨企业互联互通和质量保障；强化网络和数字安全保障。

2021 年 6 月 17 日聂海胜、刘伯明和汤洪波 3 位航天员顺利进入中国空间站核心舱，在天宫号空间站首次实现智能家居全覆盖。设计师们采用全新的信息技术，让中国空间站有了"移动 WiFi"，并创造了一个智能家居生活空间。每一个航天员有一个手持终端，可以按照个人需求，通过手持终端上面的 App 调节舱内睡眠模式、工作模式、运动模式等不同的舱内灯光，天宫号空间站的照明环境模拟了日出、中午、黄昏和夜晚等多个自然状态，最大限度地为航天员营造了地球的生活氛围，避免长时间处于单调的环境所带来的不适。

4. 成熟阶段（2030 年之后）

尽管智能家居在新一波信息技术的推动后发展迅猛，但智能家居的成熟与发展不会轻易实现。原因在于，智能家居所强调的智能需要依赖信息化技术如人工智能技术、机器人技术、物联网技术、大数据技术的发展和成熟。而业界认为，这些技术的真正成熟，有可能在 2030 年之后。因此，智能家居的完全成熟发展与应用或将在 2030 年左右真正实现。

1.1.3 智能家居产业链现状

智能家居产业链大致可以分为上游、中游、下游三部分，上游环节向下游环节输送产品或服务，下游环节向上游环节反馈信息。上游主要涉及技术层，包括元器件工业和中间件供应，其中元器件供应又包括芯片、传感器、PCB 和电容等；中间件供应主要包括通信模块、智能控制器等；此外，行业上游还涉及基础层，包括 AI 技术、电信和云服务，而基础层也贯穿上游和中游。

在上游领域，我国智能家居芯片供应商包括英特尔、ARM 公司等；传感器供应商包括博世、意法半导体、德州仪器、霍尼韦尔等；PCB 供应商包括深南电路、欣兴电子、惠亚集团等；电容供应商包括村田、宇阳科技、松下等；通信供应商包括华为、顺舟智能、泰利特等；智能控制器供应商包括拓邦股份、和尔泰、和晶科技、中颖电子等。

智能家居的中游主要是智能家居设备制造和方案设计，参与者类型包括全屋智能解决商、传统家电厂商、智能单品制造商和管理控制平台厂商。随着我国智能家居消费的不断提升，我国智能家居种类也在不断丰富，目前来看，以智能单品和传统家电企业居多，其中智能单品的代表企业有小米、三星、百度、京东等，传统家电企业的代表企业有海尔智家、美的、飞利浦、康佳等；其他代表性企业包括欧瑞博、超级智慧家、杭州行至云起科技等。

而下游消费市场可细分为 ToB 端和 ToC 端，ToB 端涉及房地产公司、家装公司等；而 ToC 端既包括线上渠道也包括线下渠道。智能家居 ToB 端的代表企业有房地产企业碧桂园、万科、保利等，而家装公司的代表企业有东易日盛、金螳螂等；在 ToC 端，消费者既可以通过红星美凯龙、五星电器、国美电器等线下商城购买智能家居产品，也可以通过天猫、京东、苏宁易购等线上渠道购买。

我国智能家居行业产业链结构如图 1-2 所示。

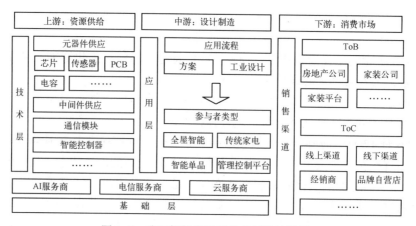

图 1-2　我国智能家居行业产业链结构图

1.2　智能家居的基本概念

1.2　智能家居
的基本概念

1.2.1　智能家居

智能家居是一个以家庭住宅为平台，兼备建筑、网络通信、信息家电、设备自动化，集系统、结构、服务、管理为一体的高效、舒适、安全、便利、环保的居住环境。智能家居通过物联网技术将家中的各种设备（如窗帘、空调、网络家电、音视频设备、照明系统、安防系统、数字影院系统以及三表抄送等）连接到一起，提供家电控制、照明控制、窗帘控制、安防监控、情景模式、远程控制、遥控控制以及可编程定时控制等多种功能和手段。

智能家居是一个集成性的系统体系环境，而不是单单一个或一类智能设备的简单组合，传统的智能家居通过利用先进的计算机技术、网络通信技术、综合布线技术，将与家居生活有关的各种子系统，有机地结合在一起，通过统筹管理，让家居生活更加舒适、安全、有效。

随着物联网、AI、5G 等技术的发展，消费者能轻易地使用物联网，促使万物互联时代的更快到来，同时随着更多的新技术作用于智能家居领域的产品端、云端和控制端，为未来智能家居终端产品更加开放、跨界融合奠定基础，智能家居正在从"单品智能"迈入"全屋智能"时代。智能家居示意图如图 1-3 所示。

绿米联创 CEO 游延筠认为全屋智能最终要解决的是三件事：做你不想

图 1-3　智能家居示意图

做的事情、做你做不到的事情、猜你想做的事情。以此达到"润物细无声"的极致用户体验，让用户用自然、舒适、个性化的方式与未来的家进行交流。

1.2.2　智慧家庭

智慧家庭是指以物联网、宽带网络为基础，依托移动互联网、云计算等新一代信息化技术，构建安全、舒适、便利、智能、温馨的居家环境，实现服务的智能化提供、人与家庭设施的双向智能互动。

智慧家庭可以看作是智慧城市理念在家庭层面的体现，是信息化技术在家庭环境的应用落地。智慧家庭是智慧城市的最小单元，是以家庭为载体，以家庭成员之间的亲情为纽带，利用物联网、云计算、移动互联网和大数据等新一代信息技术，实现健康、低碳、智能、舒适、安全和充满关爱的个性化家居生活方式。智慧家庭是智慧城市的理念和技术在家庭层面的应用和体现。

　　智慧家庭依托核心是物联网而非互联网，将数据化的服务推送到家庭中，智慧家庭是一套跨界的依据用户服务需求创新定义的服务产品整合系统，跨界领域包括智能家电、智慧娱乐、智能家居、智慧安防、智慧医疗、智能能源、智慧健康等部分，创新的服务需求包括智慧空气、智慧水管理、智慧食品加工与配送、情绪灯光与音乐、住家美容、智慧教育与儿童成长等老百姓直接感知的创新性产品，爱悠智慧家庭如图 1-4 所示。

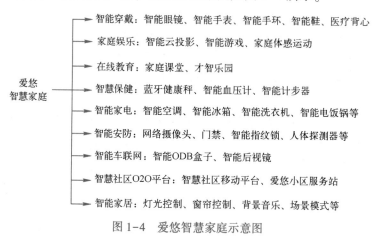

图 1-4　爱悠智慧家庭示意图

　　2016 年 11 月 14 日，我国工信部、国家标准化管理委员会联合印发了《智慧家庭综合标准化体系建设指南》（简称《建设指南》），旨在发挥标准在推动智慧家庭产业发展和服务模式应用方面的引领和规范作用，带动相关产业转型升级。

　　《建设指南》指出，智慧家庭服务的典型应用主要包括健康管理、居家养老、信息服务、互动教育、智能家居、能源管理、社区服务和家庭安防 8 个方面。智慧家庭典型生态体系，在产品、技术、服务等方面归纳出共性属性，形成基础标准、终端标准、服务标准及安全标准四大类标准体系框架。

1.2.3　数字家庭

　　数字家庭是一个系统，主要以住宅为载体，由家居产品和提供连接、控制、服务功能的平台构成，其目标是为居民提供安全、健康、舒适、愉悦、便捷的高品质生活服务。

　　数字家庭建设是数字经济的一个组成部分，也充分体现了数字经济在技术层面的关键要素。

　　数字家庭涉及住宅开发与物业服务、产品研发生产、政府基层治理与公共服务、社会化服务等多个领域，包含居民、生产商、开发商、服务商、政府等多种角色实体，其建设、使用、运维及服务构成了相互关联的复杂生态系统。

1.2.4　云计算

　　云是网络、互联网的一种比喻说法，云计算（Cloud Computing）是一种基于互联网的计算方式，可为普通用户提供是每秒 10 万亿次的运算能力。通过云计算可以按需将共享的软硬件资源和信息提供给计算机和其他设备，如用户可通过台式计算机、笔记本计算机、平板计算机、智能手机或其他智能终端接入数据中心，按自己的需求进行运算。

典型的云计算提供商往往提供通用的网络业务应用，可以通过浏览器等软件或者其他 Web 服务来访问，而软件和数据都存储在服务器上。云计算服务通常提供通用的通过浏览器访问的在线商业应用，软件和数据可存储在数据中心。云计算环境下数据中心管理如图 1-5 所示。

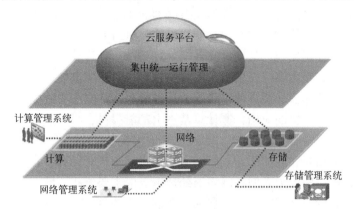

图 1-5　云计算环境下数据中心管理

智能家居其实就是一个家用的小型物联网，需要通过各类传感器，采集相关的信息，并通过对这些信息的分析、反馈，实现相关的功能。因此，智能家居的稳定性和可靠性，在很大程度上建立在良好的硬件基础上，没有容量足够大的存储设备，将会造成信息难以存储，甚至大量的数据会因此遗失，自然更难对其进行针对性的查询分析以及计算。如远程视频监控与远程对话，都需要极大的容量，若是关键数据丢失，很有可能造成很大的损失。而云却是一种低成本的虚拟计算资源，云计算将这些资源集中起来，自动管理，用户随时随地可以申请部分资源，支持各种应用程序的运转，省去了大量的维护工作，自然就可以降低成本，提高工作效率，获取更好的服务。

因此，为了满足智能家居的种种需求，云计算成了智能家居最好的伙伴，通过云计算，建设一个云家，即可更加精准快速地实现对家居设备的控制，而且在用户获得更好的云服务的同时，成本也更加低廉。例如通过云计算，用户不仅可以实时查看住宅内的情况，并且可以对其进行溯源处理。如家中有人入侵，即便嫌疑人逃遁，也能根据各项传感器反应的时间，调出准确时段的录像记录，为警方提供破案依据。同样，通过对家中各类智能插座、智能开关的数据统筹分析，便能够实现对家庭的能源管控，制订出节能环保、方便舒适的家电灯光使用计划。

1.2.5　雾计算

雾计算（Fog Computing）是云计算延伸出的概念，因"云"而"雾"的命名源自"雾是更贴近地面的云"这一名句。云在天空飘浮，高高在上，遥不可及；而雾却现实可及，贴近地面，就在你我身边。雾计算采用分布式的计算方式，将计算、通信、控制和存储资源与服务分给用户或靠近用户的设备与系统。雾计算主要用于管理联网的传感器和边缘设备的数据，将数据、处理和应用程序放置在网络边缘的设备中，并不全部保存在云端数据中心。因此，雾计算扩大了云计算的网络计算模式，将部分网络计算从网络中心扩展到了网络边缘，从而更加广泛地应用于各类服务。

雾计算概念的提出，与物联网和传感器网络的应用发展关系密切。与一般的数据不同，大量物联网数据具有实时性，很多数据需要系统即时响应。此外，智能物体的数量和采集数据的规模巨大，如果所有的数据都存储和运算在云端，不仅效率不高，对应云端的压力也大。而通过雾计算，大量实时产生的数据没有必要全部上传到云端，然后再从云端传回来，而将那些需要靠近智能物体的数据在网络的边缘直接进行有效处理，使用户可以在本地分析和管理数据，并进行控制使用，从而提高数据处理效率。雾计算和边缘网络中的设备，可以是早已部署在网络中的路由器、交换机、网关，也可以是专门部署的本地服务器等。

雾计算不像云计算那样，要求使用者连上远端的大型数据中心才能存取服务。除了架构上的差异，云计算所能提供的应用，雾计算基本上都能提供，只是雾计算所采用的计算平台效能可能不如大型数据中心。

随着物联网和移动互联网的高速发展，人们越来越依赖云计算，联网设备越来越多，设备越来越智能，移动应用成为人们在网络上处理事务的主要方式，数据量和数据节点数不断增加，不仅会占用大量网络带宽，而且会加重数据中心的负担，数据传输和信息获取的情况将越来越糟。因此，搭配分布式的雾计算，通过智能路由器等设备和技术手段，在不同设备之间组成数据传输带，可以有效减少网络流量，数据中心的计算负荷也相应减轻。雾计算可以作为介于 M2M（机器与机器对话）网络与云计算之间的计算处理，以应对 M2M 网络产生的大量数据——运用处理程序对这些数据进行预处理，以提升其使用价值。

1.2.6 大数据

大数据（big data）是指无法在一定时间范围内用常规软件工具进行捕捉、管理和处理的数据集合，是需要新处理模式才能具有更强的决策力、洞察发现力和流程优化能力的海量、高增长率和多样化的信息资产。

业界通常用 5 个 V 来概括大数据的特征，即：容量（Volume），数据的大小决定所考虑的数据价值和潜在的信息；种类（Variety），数据类型的多样性；速度（Velocity），指获得数据的速度；可变性（Variability），妨碍了处理和有效地管理数据的过程；真实性（Veracity）：数据的质量。

从技术上看，大数据与云计算的关系就像一枚硬币的正反面一样密不可分。大数据必然无法用单台的计算机进行处理，必须采用分布式架构。它的特色在于对海量数据进行分布式数据挖掘。但它必须依托云计算的分布式处理、分布式数据库和云存储、虚拟化技术。

大数据分析处理架构图如图 1-6 所示。

当今是一个充满"数据"的时代，无论是打电话、用微博、聊 QQ、刷微信，还是阅读、购物、看病、旅游，都在不断产生新数据，"堆砌"着数据大厦。大数据已经与我们的工作生活息息相关，须臾难离。2015 年 9 月 5 日，国务院印发《促进大数据发展行动纲要》，标志国家层面支持大数据发展的第一份正式文件出台，对大数据的规范化发展起到了至关重要的作用。2015 年 11 月 3 日，《中共中央关于制定国民经济和社会发展第十三个五年规划的建议》提出，拓展网络经济空间，推进数据资源开放共享，实施国家大数据战略，超前布局下一代互联网。专家认为，这是我国首次提出推行国家大数据战略。

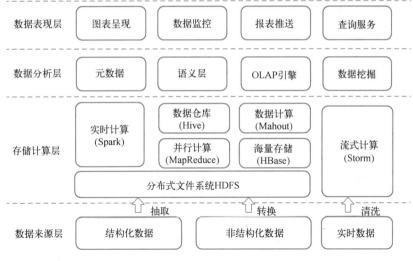

图 1-6　大数据分析处理架构图

1.3　智能家居的主要特征

智能家居是人们的一种居住环境，可以让家庭生活更加安全、节能、智能、便利和舒适。智能家居的特征可归纳为操作方式简单、组网形式灵活、设备互联互通、功能任意扩展与系统稳定可靠。

1.3　智能家居
的主要特征

1.3.1　操作方式简单

前期单品智能家居的操作方式多种多样，但还是不够智能和便捷。随着 5G、人工智能的高速发展，智能家居已从"孤岛式"的单品智能向"万物互联"的全屋智能蜕变。其操作方式也越来越人性化，如 3D 人脸识别、语音控制、隔空操控等新一代信息技术能实现高精准身份认证和无感开锁；能用通俗语气的语音指令控制智能家居；或用一个手势也能控制不同的应用情景。例如欧瑞博 MixPad Mini 智能开关可通过按键、触屏、语音和智家 365App 这 4 种交互方式进行操控，简单便捷，全家人都能轻易掌握。

1.3.2　组网形式灵活

随着网络化、智能化时代的不断推进，智能家居中可供用户选择的家庭网络形式也呈多样化。家庭网络主要分无线网络与有线网络两种。其中无线网络因采用的技术不同，又分射频技术、ZigBee 技术与 Z-wave 技术等，有线网络也分总线技术与电力线载波技术，总线技术又有 KNX 总线、LonWorks 总线、RS-485 总线、CAN 总线等。

另外，家庭网络始终保持与互联网、物联网、无线宽带网的随时相连，为智能家居控制提供了网络基础。

1.3.3　设备互联互通

智能家居中的各种家用电器可通过家庭网络实现互联互通，并可顺延电器的运行时段，避开能源成本高峰期，为用户节省电费。此外，智能家居系统的可监控能耗模式是借助无线通信、计量和控制技术实现的。可以采用的无线通信方式包括 WiFi 或 ZigBee 等。借助 ZigBee 通信，家用电器可通过电表或家庭能源管理系统获取能源价格信号，并发回由控制主机计量电路测得的能源使用情况。

1.3.4　功能任意扩展

近年来，智能家居市场如火如荼，各类科技巨头纷纷入局，不断推出自家的智能家居新品，智能化也慢慢地渗透到生活的方方面面。在网络化、智能化的推动下，人们在居家生活中又提出了新的要求。现在，人们想要的不仅仅是舒适的居家环境，也需要通过科技手段来简化生活，以此来节约更多的时间成本，提高生活品质。具体表现在智能家居的控制主机的软件系统在逐步更新升级，控制功能也在不断完善。除能实现智能灯光控制、电器控制、安防报警、背景音乐、视频共享、门窗控制和远程监控外，还可实现自动浇花扫地、儿童关爱、智慧康养、宠物看护、紧急电话求助等。

1.3.5　系统稳定可靠

随着智能家居的普及，系统安全性、稳定性和可靠性也引起了人们的高度重视。如百度 AIoT 安全方案可为智能家居系统供低成本的安全服务，该服务目前已应用在智能电视、智能音箱、智能空调等多个领域。另外，智能家居的控制主机是基于互联网+GSM 移动网双网平台设计，双网设计大大提高了系统的可靠性，即使在某些互联网网速低或不稳定的地方使用也不会影响系统的主要功能。智能家居系统采用射频（RF）、ZigBee 技术、无线宽带（Wi-Fi）、传输控制协议/互联网协议（TCP/IP）等协议进行数据传输，通过无线方式来发送指令。如绿米联创 Aqara 研发的方舟技术系统自动化场景容灾技术，可防止最坏的情况发生。如智能家居脱离不了路由器与网关，以 WiFi 为例，当路由器坏了之后，所有智能家居都无法使用，而这个技术可以在网络断了的情况下也能够使用；支持 ZigBee 网关意外中断，也可以保证智能家居的正常使用。

1.4　智能家居相关技术

智能家居是一个完整的智能化、自动化、网络化的现代家居，其主要技术包括网络通信技术、安全防范技术、自动控制技术、物联网技术、环境感知技术、人工智能技术和音视频技术。

1.4　智能家居相关技术

1.4.1　网络通信技术

网络通信技术是指通过计算机、通信网和网络设备对语音、数据、图像等信息进行采集、存储、处理和传输等，使信息资源达到充分共享的技术。

其中通信网按功能与用途不同，一般可分为物理网、业务网和支撑管理网三种。物理网是由用户终端、交换系统、传输系统等通信设备所组成的实体结构，是通信网的物质基础，也称装备网；业务网是提供电话、电报、传真、数据、图像等各类通信业务的网络，是指通信网的服务功能。按其业务种类，可分为电话网、电报网，数据网等；支撑管理网是为保证业务网正常运行，增强网络功能，提高全网服务质量而形成的网络。在支撑管理网中传递的是相应的控制、监测及信令等信号。按其功能不同，可分为信令网、同步网和管理网。

在异地利用手机对家里的电器设备进行控制就是网络通信技术在智能家居中的应用，如图 1-7 所示。

图 1-7　在异地用手机对家里的空调进行控制

1.4.2　安全防范技术

安全防范技术是社会公共安全科学技术的一个分支，具有相对独立的技术内容和专业体系。根据我国安全防范行业的技术现状和未来发展，可以将安全防范技术按照学科专业、产品属性和应用领域的不同分为如下几种：

（1）入侵探测与防盗报警技术。

（2）视频监控技术。

（3）出入口目标识别与控制技术。

（4）报警信息传输技术。

（5）移动目标反劫、防盗报警技术。

（6）社区安防与社会救助应急报警技术。

（7）实体防护技术。

（8）防爆安检技术。

（9）安全防范网络与系统集成技术。

（10）安全防范工程设计与施工技术。

由于安全防范技术是正在发展中的新兴技术领域，因此上述应用领域的划分只具有相对意义。

安全防范技术通常分为三类：

（1）物理防范技术。主要指实体防范技术，如建筑物和实体屏障以及与其匹配的各种实物设施、设备和产品（如门、窗、柜、锁等）。

（2）电子防范技术。主要是指应用于安全防范的电子、通信、计算机与信息处理及其相关技术，如电子报警技术、视频监控技术、出入口目标识别与控制技术、计算机网络技术以及其相关的各种软件、系统工程等。

（3）生物统计学防范技术。主要是法庭科学的物证鉴定技术和安全防范技术中的模式识别相结合的产物，它主要是指利用人体的生物学特征进行安全技术防范的一种特殊技术门类，应用较广的有指纹、掌纹、眼纹、声纹等识别控制技术。

1.4.3　自动控制技术

自动控制技术是 20 世纪发展最快、影响最大的技术之一，也是 21 世纪最重要的高新技术之一。当前各项新技术、工农业生产、军事、日常生活等领域，都离不开自动控制技术。就定义而言，自动控制技术是控制论的技术实现应用，是通过具有一定控制功能的自动控制系统，来完成某种控制任务，保证某个过程按照预想进行，或者实现某个预设的目标。

从控制的方式看，自动控制系统有闭环和开环两种。

（1）闭环控制。闭环控制也就是反馈控制，系统组成包括传感器、控制装置和执行机构。如智能家居中的门窗控制、安防报警等。

（2）开环控制。开环控制也叫程序控制，这是按照事先确定好的程序，依次发出信号去控制对象。如智能家居中的灯光控制、电器控制、情景控制等。

1.4.4　物联网技术

物联网是以感知为目的，实现人与人、人与物、物与物全面互联的网络。其突出特征是通过各种感知方式来获取物理世界的各种信息，结合互联网、移动通信网等进行信息的传递与交互，再采用智能计算技术对信息进行分析处理，从而提升人们对物质世界的感知能力，实现智能化的决策和控制。

物联网技术（Internet of Things，IoT）起源于传媒领域，是信息科技产业的第三次革命。物联网是指通过信息传感设备，按约定的协议，将任何物体与网络相连接，物体通过信息传播媒介进行信息交换和通信，以实现智能化识别、定位、跟踪、监管等功能。物联网是一种复杂、多样的系统技术，它将感知、传输、应用三项技术结合在一起，是一种全新的信息获取和处理技术。有关物联网技术的详细介绍请参看第 2 章。

1.4.5　环境感知技术

环境感知技术类似于物联网的感知技术，与传感器技术密不可分，主要应用于居住环境与智能家用电器或物体的监测。在智能家居系统中，传感器将感知到的物理量、化学量或者生物量等转化成能够处理的数字信号。有时需要将传感器嵌入到被控制的家用电器中，这样就可以将传感器、信号处理、控制电路、通信接口和电源等部件组成一体化的微型系统，大幅度提高智能家居系统的自动化、智能化和可靠性水平。

在智能家居的系统控制中，环境感知技术还与无线网络技术等相结合，形成智能可靠的无线传感器节点。无线传感器节点配备有满足不同应用需求的传感器，如温度传感器、湿度传感器、光照度传感器、红外线感应器、位移传感器、压力传感器等。传感器节点由传感单元、处理单元、无线收发单元和电源单元等几部分组成，如图 1-8 所示。

传感单元由传感器和 A/D 转换模块组成，用于感知、获取监测区域内的信息，并将其转换为数字信号；处理单元由嵌入式系统构成，包括处理器、存储器等，负责控制和协调节点各部分的工作，存储和处理自身采集的数据以及其他节点发来的数据；无线收发单元由无

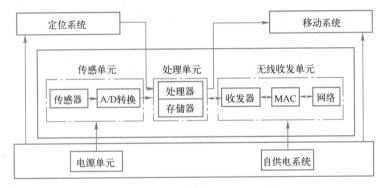

图 1-8　无线传感器网络节点结构

线通信模块组成，负责与其他传感器节点进行通信，交换控制信息和收发采集数据；电源单元能够为传感器节点提供正常工作所必需的能源，通常采用微型电池。

在智能家居的环境感知中，还涉及对物体或人的感知、自动识别与定位。自动识别技术指使用一定的识别装置（如摄像头、指纹识别器等），通过被识别物品或人和识别装置之间的接近活动，自动地获取被识别物品或人的相关信息，并提供给后台的计算机处理系统来完成相关后续处理的一种技术。识别技术可以区分被识别的物体（或人），有时还需要定位物体的位置、物体移动的情况等，用以实现更加准确的环境感知。目前，智能家居中采用的识别技术有图像识别技术、射频识别（RFID）技术、GPS 定位技术、红外感应技术、声音识别技术、动作识别技术（姿态、手势等）、生物特征识别技术（指纹、虹膜等）等。

1.4.6　人工智能技术

人工智能（Artificial Intelligence，AI）是研究、开发用于模拟、延伸和扩展人的智能的理论、方法、技术及应用系统的一门新的技术科学。有关人工智能技术的详细介绍请参看第 3 章。

1.4.7　音视频技术

音视频技术是研究音频信号和视频信号的产生、收集、处理、传输和存储的技术，是传统音响技术与现代数字声像技术相结合的一门实用技术。智能家居中的背景音乐、家庭影院就是音视频技术的具体应用。

智能家居技术涉及面较广，其目的是通过应用这些技术，真正让人享受轻松、自由、安全的智能生活。今后可靠的无线控制技术将会成为未来智能家居技术的主流，而触摸式、声控式、感应式等更多人性化的控制技术也会得到发展。

1.5　智能家居系统的组成

1.5　智能家居系统的组成

1.5.1　智能家居主要功能

智能家居系统的组成大致可分为硬件设备和软件系统。如果从智能家居的主要功能上进行划分，一个智能家居系统主要包括控制管理、照明控制、家庭安防、环境监控、健康监控、能源管控、自动管家、背景音乐、家庭影院 9 个子系统，如图 1-9 所示。

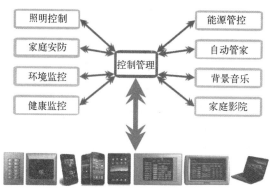

图 1-9 智能家居系统主要功能

1.5.1 智能家居的主要功能

1. 控制管理

控制管理是智能家居的控制中心，它接收各种控制方式的信息，如本地控制、遥控控制、情景控制、手机远程控制、触摸感应控制、定时控制等，并将各种控制信息经过处理，发出相应的指令，对智能家居的设备进行操作控制，完成某种特定功能，如家电控制、灯光控制、窗帘控制、环境（温湿度）控制、节能控制、娱乐控制、安防控制、健康监控、车辆控制和家庭灌溉控制等。

2. 照明控制

智能照明控制是指用多种智能控制方式实现对住宅内所有灯具的开启关闭、亮度调光、全开、全关以及组合控制的形式，实现"回家、离开、会客、用餐、影院"等多种灯光情景效果，从而达到照明智能的节能、环保、舒适、方便的功能。如"会客情景"可设为吊灯亮 80%、壁灯亮 60%、筒灯亮 80%；"影院情景"可设为吊灯亮 20%、壁灯亮 40%、筒灯亮 10% 等。系统还具有软启功能，能使灯光渐亮渐暗，营造一种温馨、浪漫、幽雅的灯光环境。

3. 家庭安防

家庭安防是智能家居的重要组成部分，可靠而智能的安防控制能够确保智能家居用户的生命财产安全，及时发现安全隐患并进行自动处理。安防控制主要实现家庭防盗、防火、煤气泄漏监测与报警、用电安全、用水安全、家电安全、车辆安全等，并能够提供自动报警及自动处理、紧急求助等。家庭安防涉及的传感器包括门磁感应器、红外感应器、玻璃破碎探测器、吸顶式热感探测器、煤气泄漏探测器、烟感探测器、监控摄像头等。将家庭安防控制与智能社区相连接，可以实现更强功能的安防控制。

4. 环境监控

环境监控主要为居住人员提供一个安全、健康、舒适的生活环境。一般而言，主要对家居中的环境情况，如室内温度、空气湿度、有害气体含量（二氧化碳浓度、甲醛浓度、烟雾、PM2.5、粉尘颗粒浓度等）等情况进行实时监测，并能针对实时监测的情况对环境进行调节，如通过相应的家电设备（换气扇、空气净化器等）的开启与关闭，自动适应居住者的需求。

5．健康监控

健康监控主要通过智能穿戴设备（智能手表、智能手环等）、智能马桶（尿液监测）、智能呼吸监测仪、体重计、智能健身器材、智能电冰箱、油烟机等对人的睡眠、饮食、活动、生活习惯、身体体征等进行实时记录、统计和分析，对不健康生活提出预警，对健康生活提供指导。除此之外，健康监测还可以结合其他传感器设备，对老人、病人、小孩等实施健康监测和看护。如果将健康监控与远程医疗看护相连接，在家里使用智能综合测试仪将对家人的体温、脉搏、血压、血糖、血氧浓度、心电图、体重等信息定期上传，那么可通过专业医生的反馈指导保证健康的生活。

6．能源管控

家庭能源管控是家用电器智能控制的升级。社会经济的快速发展致使人们对电力的需求日益增加，如何节约用电、科学用电、管理用电，有效地控制家庭能耗是智能家居需要研究的课题。如在家庭用电上，可以监测能耗。用电高峰期时，可以有选择性地使用家用电器，优先使用功率较小的家用电器。同样，可以检测何时电费较低，这时可以集中使用家用电器，节约电费。与此同时，家里的用电情况都可以随时观测，也可以远程通过计算机、智能手机、平板计算机等进行实时监控。

7．自动管家

自动管家是利用人工智能技术和互联网技术以及各类智能硬件（如智能机器人、各种自动智能家电等），协助主人管理整个家庭，如自动清理卫生、自动灌溉草坪、协助安排与提醒各类工作、生活计划的实施、自动叫醒服务等。随着人工智能的发展，自动管家将使得智能家居更加智慧化。

8．背景音乐

背景音乐就在任何一间房子里，包括客厅、卧室、厨房或卫生间，均可布上背景音乐线，通过 1 个或多个音源，可以让每个房间都能听到美妙的背景音乐。配合影视交换产品，可以用最低的成本，不仅实现了每个房间音频和视频信号的共享，而且可以各房间独立地遥控选择背景音乐信号源，可以远程开机、关机、换台、快进、快退等。

9．家庭影院

家庭影院和背景音乐是家庭娱乐的多媒体平台，它能够根据用户的需要，运用先进的计算机技术、无线遥控技术和红外遥控技术，在程序指令的精确控制下，把数字电视机顶盒、网络电视机顶盒、DVD、计算机、影音服务器、高清播放器等多路信号源，发送到每一个房间的电视机、音响等终端设备上，实现多种视听设备的共享。

1.5.2　智能家居主要硬件简介

智能家居的主要硬件包括控制主机（又称智能网关）、路由器、家庭网络、各种传感器、探测器、智能控制面板、红外转发器、智能手机等，如图 1-10 所示。

1．控制主机

控制主机也称智能网关，它是智能家居的主要硬件之一，是家庭网络和外界网络沟通的桥梁，是通向互联网的大门。在智能家居中由于使用了不同的通信协议、数据格式或语言，控制主机就是一个翻译器。控制主机对收到的信息要重新打包，以适应不同网络传输的需求。同时，控制主机还可以提供过滤和安全功能。

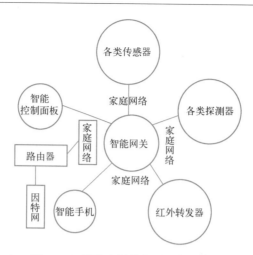

图 1-10 智能家居的主要硬件示意图

控制主机除具有传统路由器的功能外，还具备无线转发、无线接收功能，就是能把外部所有的通信信号转化成无线信号，从而在家里任何一个角落可以接收，同时在家里操作遥控设备或者无线开关时，它能接收到信号，进而控制其他终端设备。

也可以说控制主机就是智能家居的"指挥部"，所有的输入设备通过室外互联网、GSM网、室内无线网接入到这个控制主机，所有的输出设备的操作都由它通过室内无线网发出指令，完成灯光控制、电器控制、场景设置、安防监控、物业管理等操作，或通过室外互联网、GSM 网向远端用户手机或计算机发出家里的安防信息。

2. 路由器

路由器是连接两个或多个网络的硬件设备，在网络间起网关的作用，是读取每一个数据包中的地址然后决定如何传送的专用智能性的网络设备。它能够理解不同的协议，例如某个局域网使用的以太网协议，因特网使用的 TCP/IP。这样，路由器可以分析各种不同类型网络传来的数据包的目的地址，把非 TCP/IP 网络的地址转换成 TCP/IP 地址，或者反之；再根据选定的路由算法把各数据包按最佳路线传送到指定位置。所以路由器可以把非 TCP/IP 网络连接到因特网上。

路由器的外形如图 1-11 所示。

3. 家庭网络

家庭网络是在家庭范围内（可扩展至邻

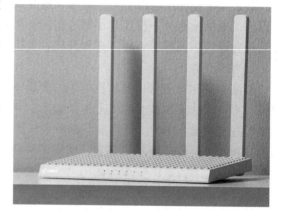

图 1-11 路由器

居、小区）将计算机、电话、家用电器、安防控制系统、照明控制和广域网相连接的一种新技术。家庭网络是一个多子网结构的分别采用不同底层协议的混合网络，与局域网（LAN）和广域网（WAN）相比，在系统构成、网络协议及用户群体方面都具有自己的特点，未来的家庭网络实现必须提供完整的系统集成方案、高度的互操作性和灵活易用的网络接口。有关家庭网络的详细介绍见第 2 章。

4. 传感器与探测器

传感器与探测器的作用就像一个人的眼睛（人体红外感应器），鼻子（燃气报警器、烟雾报警器），耳朵（门磁、震动感应器），它能将"看到、闻到、听到"的信息转换为电信号送到控制主机。智能家居一般均安装了温/湿度一体化传感器、可燃气体传感器、烟雾传感器、人体红外探测器、无线门磁探测器、无线幕帘探测器、玻璃破碎探测器等。各种传感器与探测器的作用与技术参数将在后面章节中介绍。

5. 智能控制面板

智能控制面板包括开关面板与插座面板等，如智能灯光面板的主要作用是实现智能灯光的开关控制和亮度调节。它同普通开关一样，用手触摸一下，就能控制灯具的开或关，另一方面可接收控制主机发的指令进行智能灯光控制。

插座面板在智能家居中可通过计算机/手机客户端、无线电遥控器实现对电器用电负载（如电热水器、电饭煲等）的通断控制，或通过智能主机实现远程控制。还可定时开关用电器电源，起到便捷、节能、防用电火灾的作用。

6. 红外转发器

红外转发器是一款对红外家电设备（如空调、电视、机顶盒、DVD、音响等）进行无线操作的智能控制器，是智能家居系统的重要组成部分。早期的射频红外线转发器先要在控制主机的配合下，学习原有各种红外遥控器上的功能键信号，并在主机的软件端上创建各遥控功能键的信号，这样红外线转发器才会把射频信号命令转发成红外线信号去控制相关家用电器。ZigBee 主机可通过 ZigBee 信号转发学习过的红外码，用户可利用智能手机或平板计算机通过客户端软件轻松控制红外家电。

7. 智能手机

智能手机具有独立的操作系统，独立的运行空间，可以由用户自行安装软件、游戏、导航等第三方服务商提供的程序，并可以通过移动通信网络来实现无线网络接入。简而言之，智能手机就是一台可以随意安装和卸载应用软件的手机。

在智能家居系统中先下载厂家的应用软件，将智能手机与控制主机（或称智能网关）绑定，这样智能手机便可控制智能家居中的所有设备。

1.5.3 智能家居软件构成

智能家居的软件系统是智能家居实现智能的根本所在，正如一部智能手机，如果没有软件存在，只是一堆焊在一起的电子器件而已。智能家居的软件贯穿于智能家居硬件的底层，按软件所在的位置不同，一般分为三部分：一个是智能家居硬件设备上的嵌入式软件，比如智能网关、智能面板、各种传感器等，一般用 C 语言在 Keil 中编写实现；另一个是后台服务器上的软件，也称为系统平台软件，可选用阿里云或者腾讯云，也可选智能家居企业开发的系统平台，如海尔智家的 U+智慧生活平台。一般用 Java/PHP 开发，连接后台 MySQL 数据库；还有一个是智能手机端的应用软件，因智能手机分安卓和苹果不同的操作系统，所以苹果手机的应用软件要在 App Store 上下载；安卓操作系统手机可在应用商店或生产厂方官网上下载；鸿蒙操作系统手机可在华为鸿蒙系统官网上下载。智能家居软件的构成示意图如图 1-12 所示。

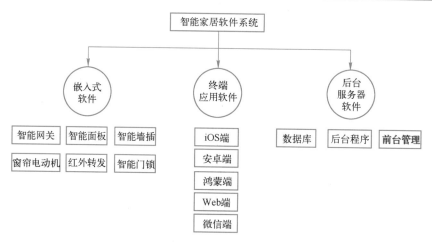

图 1-12 智能家居软件的构成示意图

1.6 智能家居的国家标准简介

2017 年 12 月，国家质检总局、国家标准委批准发布了《物联网智能家居 数据和设备编码》《物联网智能家居 设备描述方法》《智能家居自动控制设备通用技术要求》三项智能家居系列国家标准，重点在文本图形标识、数据和设备编码、设备描述、用户界面、设计内容等五大方面对物联网智能家居进行了详细定义和规范。以上三项标准已于 2018 年 7 月 1 日起实施。

2022 年 4 月 15 日，国家市场监督管理总局、国家标准化管理委员会发布了 GB/T 41387-2022《信息安全技术 智能家居通用安全规范》，该标准主要明确了智能家居系统安全保护范围，包括智能家居设备、家庭网关、应用服务平台和移动端 App 等。还对包括智能家居设备、控制软件、网关、应用服务平台 4 个核心组成部分在内的智能家居系统提出了通用安全要求，涉及硬件、固件、操作系统、应用、通信、数据、平台等十大方面，旨在为智能家居系统提供全面的安全防护。该标准将于 2022 年 11 月 1 日正式实施。

1.6.1 物联网智能家居 数据和设备编码

本标准编号为 GB/T 35143-2017，它规定了物联网智能家居系统中各种设备的基础数据和运行数据的编码序号，设备类型的划分和设备编码规则。本标准适用于物联网智能家居系统中的各种智能家居设备。

1.6.2 物联网智能家居 设备描述方法

本标准编号为 GB/T 35134-2017，它规定了物联网智能家居设备的描述方法、描述文件的格式要求、功能对象类型、描述文件元素的定义域和编码、描述文件的使用流程和功能对象数据结构。本标准适用于智能家居系统中的所有家居设备，包括家用电器、照明系统、水电气表、安全及报警系统和计算机信息设备、通信设备等。智能小区公共安全防范系统、公共设备监控系统、家庭信息采集及设备控制系统，以及所有面向家居设备的应用、服务的各种控制系统的有关设备可参照使用。

1.6.3 智能家居自动控制设备通用技术要求

本标准编号为 GB/T 35136-2017，它规定了家庭自动化系统中家用电子设备自主协同工作所涉及的术语和定义、缩略语、通信要求、设备要求、控制要求和安全要求等。适用于智能家居电子设备的自动控制要求。

1.7 智能家居新协议 Matter 简介

2019 年 12 月 18 日，苹果、亚马逊和谷歌等几家制造商联合起来，打算创建一个智能家居通信标准来连接各种设备。该标准称为 IP 互联家庭项目（Project CHIP），旨在统一设备通信，以便智能产品更好地协同工作。

2021 年 5 月 11 日，ZigBee 联盟改名为连接标准联盟（Connectivity Standards Alliance，CSA），Project CHIP 项目改名为 Matter。与此同时，全新的 Matter 协议也宣布了第一个正式版本，它与 CHIP 的使命一致，将致力于构建一套基于 IP 网络构建以及打造连接物联网的生态系统。除了宣布正式名称外，Matter 还公布了一个新徽标，并在 2021 年底开始在经过 Matter 认证的设备上使用该徽标，如图 1-13 所示。

图 1-13　Matter 标志

Matter 是一种新的智能家居互操作性协议，它采用统一的互联网协议（IP），用于构建和连接物联网生态系统。它是免费的，可在各种智能设备之间进行通信，此外，它还可以是一种规范，以确保基于此标准构建的项目安全可靠，并且能够协同工作。

Thread 是智能家居的一种低功耗无线标准，允许设备直接相互"交谈"。与 ZigBee 和 Z-Wave 不同，Thread 将通过系统中的每个设备作为接入点来创建网状网络。因此，这不是每个单独的设备都需要与一个集线器式接入点进行通信，而是更平均地分担了连接任务。每个支持 Thread 的设备从本质上都可以充当集线器。

Thread 能够为智能家居提供更快的响应速度、更高的可靠性和更好的安全性，同时又消耗更少的电能。使用 Thread 时由于没有将中心集线器连接到路由器，即使设备之间没有响应，但设备之间的连接仍可以控制它们。例如，智能门铃仍然可以通过直接链接到智能灯具上来保持活动状态。

Thread 利用高效的 IEEE 802.15.4 MAC/PHY 协议，支持的设备消耗的能量更少；Matter 运行在 Thread 和 WiFi 网络层，使用低功耗 Bluetooth 进行调试。通过提供基于成熟技术的统一应用层，各制造商可以利用此开源协议提高开发速度，并可通过无线固件更新以前的设备，使之与 Matter 兼容。换句话说，Matter 将帮助开发人员构建更多兼容的设备。

Matter 还为消费者提供了更高的兼容性，凡是通过 Matter 认证的产品均可以协同工作，即使这些设备来自不同的生态系统，用户也可享受更加流畅的服务体验，如来自 Google、Alexa 语音助手或者是其他相关设备，它们都能与其他的认证设备无缝协作。

另外 Matter 是一种新的开源的安全的物联网设备连接协议，任何支持 IEEE 802. 15. 4 协议的设备通过软件更新都可以支持 Thread。同时它作为标准规范，还可帮助消费者了解所购买的物联网设备是否安全可靠，因为凡是通过 Matter 认证的物联网设备上均有图 1-13 所示的标志，消费者可轻易地从设备的标志上识别它，以便消除购买过程中的疑虑。

为了解决上述问题，国内外的不少智能家居厂商早早着手新布局，通过无线协议与产品的迭代升级充分融合，促使智能家居实现跨场景联动。例如在国内厂商中，华为出现在 Matter 协议的首发名单中，并且成了 Matter 项目的主力成员。2021 年 8 月，乐鑫科技推出新型芯片产品，提供了 Matter 协议解决方案。2021 年 9 月 9 日，绿米旗下 Aqara 亦宣布支持 Matter 协议，让 Aqara 的产品可以与全球支持 Matter 的设备互联互通，摆脱平台、系统的桎梏，实现不同品牌产品间的协同工作，为用户提供更丰富的全屋智能体验。

实训1　参观智能家居体验中心（体验厅）

实训 1　参观智能
家居体验中心-
全屋智能场景

1. 实训目的
（1）了解智能家居体验中心（体验厅）的主要功能。
（2）了解智能家居的网络构成。
（3）熟悉智能家居的主要控制方式。
（4）掌握智能家居的组成。

2. 实训场地
参观学校附近的智能家居体验中心（体验厅）。

3. 实训步骤与内容
（1）提前与智能家居体验中心（体验厅）联系，做好参观准备。
（2）分小组轮流进行参观。
（3）由教师或体验中心（体验厅）人员为学生讲解。

4. 实训报告
写出实训报告，包括参观收获、遇到的问题及心得体会。

思考题 1

1. 我国智能家居的发展经历了哪几个阶段？
2. 什么是智能家居？什么是智慧家庭？两者有何区别？
3. 什么是云计算？云平台典型物理架构是怎样的？
4. 智能家居有哪些特征？
5. 智能家居相关技术有哪些？
6. 智能家居主要由哪几部分组成？

第2章 家庭网络通信技术

本章要点

- 了解家庭网络的规划设计及布线。
- 了解家庭网络的国家标准。
- 熟悉家庭组网技术。
- 熟悉移动通信技术。
- 掌握物联网的关键技术。

2.1 家庭网络概述

家庭网络顾名思义是融合家庭控制网络和多媒体信息网络于一体的家庭信息化平台，是在家庭范围内实现信息设备、通信设备、娱乐设备、家用电器、自动化设备、照明设备、保安（监控）装置及水电气热表设备、家庭求助报警等设备互连和管理，以及数据和多媒体信息共享的系统，涉及电信、家电、IT 等行业。

当前家庭网络可以分为"有线"和"无线"两大类。有线家庭网络主要由双绞线、同轴电缆、光纤连接组网，或由电力线连接组网；无线家庭网络技术主要包括 WiFi 6、蓝牙 Mesh 或 ZigBee 等。

家庭网络从铜线发展到光纤入户，业务从语音、视频发展到 4K 超高清，空前丰富了人们的生活。如今，伴随着 VR、云游戏、在线教育、在线办公等新业务不断普及，以及全社会数字化、智能化进程加速，家庭网络正进一步升级到 F5G 千兆光网时代。

2.1.1 家庭网络规划设计

随着移动互联网的发展，每个家庭及个人的网络设备不断增加，家庭网络已经成为每个人生活的"必需品"，家里的智能设备也都需要通过网络进行控制，所以家庭网络系统就成了未来智能生活的基础，下面介绍如何构建一个稳定可靠、高速的家庭网络系统。

2.1.1 家庭网络
规划设计及布线

家庭网络的规划设计可参考《中国移动千兆宽带网络规划建设指导意见》（2020 版），该指导意见指出："按照家庭宽带用户同时开通视频和宽带上网业务，考虑每用户两路视频业务，视频承载方式有组播和点播两种……""对于按每用户开通两路视频、VR 业务带宽配置需求见表 2-1。"

表 2-1　按每用户开通两路视频、VR 业务带宽配置需求表

业务类型	业务特征				带宽配置		
	码率/ （Mbit/s）	分辨率/像素	帧率/（f/s）	压缩编码	高级配置/ （Mbit/s）	中级配置/ （Mbit/s）	基础配置/ （Mbit/s）
1080P 视频	8	1920×1080	25	H. 264	15	12	9

21

（续）

业务类型	业务特征				带宽配置		
	码率/（Mbit/s）	分辨率/像素	帧率/（f/s）	压缩编码	高级配置/（Mbit/s）	中级配置/（Mbit/s）	基础配置/（Mbit/s）
4K视频	30~45	3840×2160	50	H.264	70	57	42
VR视频	80	7680×4320	30	H.264/265	1140	420	120
VR游戏	65	3840×2160	60	H.264	1500	540	130

家庭网络的设备主要有光纤猫、POE路由器、千兆交换机、嵌入式无线AP等，网络架构如图2-1所示。一般的中小户型网络系统由于房间数量少，可省略千兆交换机，网络架构简单一些。

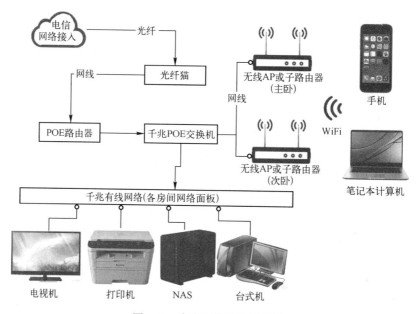

图2-1　家庭网络架构示意图

下面介绍华为H6分布式路由器与星光OptiXstar WiFi 6家庭网关（俗称光纤猫），供读者在规划设计家庭网络时参考。

1. 华为H6分布式路由器

华为H6分布式路由器由一个POE主路由器和三个面板AP子路由器组成。其中有一个子路由器是Pro版，Pro版共有4个高功率信号放大器，完全满足2.4 GHz和5 GHz WiFi的需求。标准版则仅在两根2.4 GHz天线上各添加了两个中功率信号放大器。能应付复杂的网络环境，所以推荐安装在客厅中，其余子路由器可放卧室或书房。每个子路由器可以提供70 m²左右的有效信号覆盖。POE主路由器为长方形，体积小，便于放进接入光纤的弱电箱中。主路由器有6个千兆LAN接口，1个千兆WAN接口，还有1个IPTV接口。

子路由器的尺寸与标准86面板一致，可以贴合在已经安装的网络面板上。子路由器只有一个按键，指示灯也在按键上，这个按键既是WiFi开关，也是Reset键，同时兼具Hi按键功能，散热孔一侧是 LAN 网口，可以通过网线连接一台设备，如图 2-2 所示。

图 2-2　华为 H6 路由器

华为 H6 路由器中的主路由器主要参数如下：

CPU：凌霄 Hi5651T 四核芯片。

RAM：256 MB。

ROM：256 MB。

系统：华为 Harmony OS。

网口：6 个千兆 WAN 自适应网口，1 个千兆 LAN 自适应网口，1 个 IPTV 接口。

组网方式：有线。

尺寸：193 mm×80 mm×28 mm。

重量：289 g。

功耗：<12 W。

华为 H6 路由器的子路由器主要参数如下：

CPU：凌霄 Hi5651L 双核芯片。

RAM：128 MB。

ROM：128 MB。

无线：2.4 GHz 2×2 MIMO，最大速度 574 Mbit/s；5 GHz 2×2 MIMO，最大速度为 2402 Mbit/s。

系统：华为 Harmony OS。

网口：1 个千兆 WAN 自适应网口，1 个千兆 LAN 自适应网口。

组网方式：有线。

尺寸：86 mm×86 mm×30.9 mm。

重量：167 g。

功耗：<13 W。

2. 华为 OptiXstar WiFi 6 光纤猫

华为 OptiXstar WiFi 6 光纤猫是目前性能领先的家庭宽带通信设备，WiFi 6 即第六代无线网络技术，华为 WiFi6 光纤猫与上代产品相比，速度更快，实际测速达千兆以上；覆盖更广，一台光纤猫即可完美解决 120 m² 以下中小户型的 WiFi 覆盖问题；同时延时更低、容量更大、更安全、更省电。华为 OptiXstar WiFi 6 光纤猫的外形如图 2-3 所示。华为 OptiXstar WiFi 6 光纤猫具备如下三大特点。

（1）WiFi 真千兆，速率有保障。当前 WiFi 6 芯片从频宽上分为 80 MHz 和 160 MHz 两种规格，它们之间的对比就像两车道高速路和 4 车道高速路的关系，其他规格相同的情况下，160 MHz 频宽 WiFi 网关的速率是 80 MHz 频宽网关的两倍，华为 OptiXstar WiFi 6 光纤猫在之前的比较测试中，是唯一一款速率超过 1000 Mbit/s 的光纤猫产品，就是因为采用了华为自研的支持 160 MHz 的 WiFi 6 技术，而业界其他光纤猫产品普遍采用 80 MHz 频宽的商业套片。

图 2-3　华为 OptiXstar WiFi 6 光纤猫的外形

（2）更广覆盖，信号满屋。华为 OptiXstar WiFi 6 光纤猫支持全向高增益天线和动态窄频宽技术，全方位覆盖提升，借助优化算法，WiFi 信号较业界产品多穿一堵墙，实现信号满屋。同时，华为 OptiXstar WiFi 6 还可以支持超过 100 个终端连接，满足更多的用户并发场景，为云 VR、在线办公、电竞、在线教育等高品质业务保驾护航。

（3）更简组网，智能运维。光纤猫和路由器二合一，告别复杂组网结构，对于很多中小户型家庭而言，可以做到不外挂任何路由器产品即可实现全屋千兆覆盖，既可以省去购买路由器的钱，在速率上还能突破网线限制，畅享全千兆的体验。

2.1.2　家庭网络布线施工

家庭网络的布线一般采用管子预埋方式，按设计施工图将电源线与弱电线（网线、光纤、同轴电缆）分别穿入不同的塑料管，然后将管线预埋在墙壁里和地面上，如图 2-4 所示。

图 2-4　家庭网络的布线

在布线施工时要注意以下几点：

（1）强电、弱电管子最少相距 15 cm，参看图 2-4。

（2）在所有的网络终端一定要放置电源插座，参看图 2-4。

（3）每根 PVC 管子中最好只穿两根网线，最多 3 根网线（针对直径 DN20 的管子而言）。

（4）每根网线的长度最好不要大于 30 m。

（5）厨房因油烟太大，不宜布网线；卫生间因湿气太大，也不宜布网线，但可在卫生间布置电话线。

2.1.3　家庭网络的国家标准简介

早在 2005 年我国就颁布了 6 项家庭网络的行业标准，分别覆盖了家庭网络的体系结构、家庭主网通信协议、家庭子网通信协议、家庭设备描述规范以及一致性测试规范等，它们构成了家庭网络标准体系的基础协议。这 6 项标准分别为：SJ/T 11312-2005《家庭主网通信协议规范》、SJ/T 11313-2005《家庭主网接口一致性测试规范》、SJ/T 11314-2005《家庭控制子网通信协议规范》、SJ/T 11315-2005《家庭控制子网接口一致性测试规范》、SJ/T 11316-2005《家庭网络系统体系结构及参考模型》、和 SJ/T 11317-2005《家庭网络设备描述文件规范》。

2013 年颁布了国家标准《家庭网络》（GB/T 30246-2013），该标准分为 11 个部分。是出我国工业和信息化部提出，由全国音频、视频及多媒体系统与设备标准化技术委员会归口管理，由广州市聚晖电子科技有限公司、海尔集团公司、泰州春兰研究院、清华大学、中国电子技术标准化研究院、中国家用电器研究院、华南理工大学、中山大学、广东工业大学、三星电子（中国）研发中心、西门子（中国）有限公司、索尼（中国）有限公司、诺基亚（中国）投资有限公司起草完成。

第 1 部分：系统体系结构及参考模型（GB/T 30246.1-2013）。

第 2 部分：控制终端规范（GB/T 30246.2-2013）。

第 3 部分：内部网关规范（GB/T 30246.3-2013）。

第 4 部分：终端设备规范 音视频及多媒体设备（GB/T 30246.4-2013）。

第 5 部分：终端设备规范 家用及类似用途电器（GB/T 30246.5-2013）。

第 6 部分：多媒体与数据网络通信协议（GB/T 30246.6-2013）。

第 7 部分：控制网络通信协议（GB/T 30246.7-2013）。

第 8 部分：设备描述文件规范 XML 格式（GB/T 30246.8-2013）。

第 9 部分：设备描述文件规范 二进制格式（GB/T 30246.9-2013）。

第 10 部分：多媒体与数据网络接口一致性测试规范（GB/T 30246.10-2013）。

第 11 部分：控制网络接口一致性测试规范（GB/T 30246.11-2013）。

2.2　家庭有线组网技术

2.2.1　总线技术

总线技术是指将所有设备的通信与控制都集中在一条总线上，是一种全分布式智能控制网络技术，其产品模块具有双向通信能力，以及互操作性和互换性，其控制部件都可以编程。典型的总线技术采用双绞线总线结构，各网络节点可以从总线上获得供电（24 V/DC），通过同一总线实现节点间无极性、无拓扑逻辑限制的互联和通信，信号传输速率和系统容量分别为 10 kbit/s 和 4 GB。

总线型技术比较适合于楼宇和小区智能化等大区域范围的控制，已部分应用于别墅智能化，但一般设置安装比较复杂，造价较高，工期较长，只适用新装修用户。

在智能家居中采用双绞线为控制总线，以此通信介质的主要有 KNX 总线、Lon Works 总线、RS-485 总线、CAN 总线等。就总线本身而言，这几种总线的拓扑结构基本是相同的，如图 2-5 所示，不同的只是通信协议和接口。

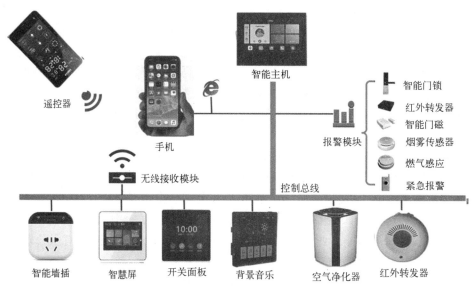

图 2-5 采用总线控制技术的智能家居网络示意图

1. RS-485 总线

在要求通信距离为几十米到上千米时，广泛采用 RS-485 串行总线标准。RS-485 采用平衡发送和差分接收，因此具有抑制共模干扰的能力。加上总线收发器具有高灵敏度，能检测低至 200 mV 的电压，故传输信号能在千米以外得到恢复。

RS-485 采用半双工工作方式，任何时候只能有一点处于发送状态，因此，发送电路须由使能信号加以控制。RS-485 用于多点互联时非常方便，可以省掉许多信号线。使用标准 RS-485 收发器时，单条通道的最大节点数为 32 个，传输距离较近（约 2.2 km），传输速率低（300～9600 kbit/s）；传输可靠性较差，对于单个节点，电路成本较低，设计容易，实现方便，维护费用较低。

RS-485 总线布线的规范如下：

（1）RS-485 信号线不可以和电源线一同走线。

（2）RS-485 信号线可以使用屏蔽线作为布线，也可以使用非屏蔽线作为布线，一般可选择普通的超五类屏蔽双绞线即网线作为信号线。

（3）RS-485 布线时必须手牵手布线，但是可以借助 RS-485 集线器和 RS-485 中继器任意布设成星形接线与树形接线。

（4）RS-485 总线必须接地。

2. KNX 总线

KNX 总线是目前世界上唯一的适用于家居和楼宇自动化控制领域的开放式国际标准，是由欧洲三大总线协议 EIB、BatiBus 和 EHS 合并发展而来。该协议以 EIB 为基础，兼顾了 BatiBus 和 EHSA 的物理层规范，并吸收了 BatiBus 和 EHSA 的配置模式等优点，提供了家居、楼宇自动化的完整解决方案。

KNX 系统采用的是开放式通信协议,可以轻松地与第三方系统/设备实现对接。例如:ISDN、电力网、楼宇管理设备等。主要的对接方式有:①通过输入、输出模块,采用接点信号进行连接;②通过 USB 接口进行连接;③采用符合通信协议的接口即网关连接,实现数据的双向交换。

KNX 总线的传输介质除双绞线、同轴电缆外,还支持使用无线电来传输 KNX 信号。无线信号传输频宽为 868 MHz (短波设备),最大发射能量为 25 mW,传输速率为 16.384 kbit/s;也可以打包成 IP 信号传输。通过这种方式,LAN 网络和互联网也可以用来发送 KNX 信号。

3. Lon Works 总线

在各种现场总线中,Lon Works 总线技术以其在技术先进性、可靠性、开放性、拓扑结构灵活性等方面独特的优势,为集散式监控系统提供了很强的实现手段。使其特别适合于建筑的楼宇自动化系统。Lon Works 总线使用 48 位 ID 神经元芯片,节点数量没有限制,传输距离较远 (约 2.7 km),传输速率快 (300 bit/s ~ 1.25 Mbit/s);传输可靠性较高。但对于单个节点,电路成本很高,设计难度较大,维护费用较高。

4. CAN 总线

CAN 总线是一种支持分布式控制和实时控制的对等式现场总线网络。其网络特性使用差分电压传输方式;总线节点数有限,使用标准 CAN 收发器时,单条通道的最大节点数为110 个,传输速率范围是 5 kbit/s ~ 1 Mbit/s,传输介质可以是双绞线和光纤等,任意两个节点之间的传输距离可达 10 km。对于单个节点,电路成本高于 RS-485,设计时需要一定的技术基础;传输可靠性较高,界定故障节点十分方便,维护费用较低。在目前已有的几种现场总线方式中,具有较高的性能价格比。

采用总线技术的智能家居产品有 Control 4 总线灯光系统。Control 4 总线系统是由基于以太网的控制模块、RS-485 的总线场景面板、RS-485 网关等设备共同组成的新型总线系统。各模块通过网络与主机进行通信,使用电视界面、触控屏以及移动装置来控制,由调光器、继电器、以太网模块、导轨板等组成一个完整的系统。总线控制模块既可配合总线场景面板,也可配合无线场景面板及无线产品使用,利用管理工具完成系统设计可实现多项功能,还可以通过有线按键来控制灯光、音乐、窗帘、安防等,可应用于家庭及商业等多种场合。

2.2.2　电力线载波技术

电力线载波 (Power Line Carrier,PLC) 技术是指利用现有电力线作为信息传输媒介,通过载波方式将语音或数据信号进行高速传输的一种通信方式。PLC 技术是利用 1.6 ~ 30 MHz 频带范围在电力线路上传输信号。在发送时,利用 GMSK 或 OFDM 调制技术将用户数据进行调制、线

2.2.2　电力线
载波技术

路耦合,然后在电力线上进行传输。在接收端,先经过耦合、滤波,将调制信号从电力线路上滤出,再经过解调,还原成原信号。目前可达到的通信速率依具体设备不同在 4.5 ~ 45 Mbit/s 之间。

1. PLC 的优点

PLC 的主要优点有:①实现成本低。由于可以直接利用已有的配电网络作为传输线路,所以不用进行额外布线,从而大大减少了网络的投资,降低了成本。②范围广。电力线是覆盖范围最广的网络,它的规模是其他任何网络无法比拟的。PLC 可以轻松地渗透到每个家

庭，为互联网的发展创造极大的空间。③高速率。PLC 能够提供高速的传输。目前，其传输速率为 4.5~45 Mbit/s，远远高于拨号上网和 ISDN，比 ADSL 更快。足以支持现有网络上的各种应用。④永远在线。PLC 属于"即插即用"，不用烦琐的拨号过程，接入电源就等于接入网络。⑤便捷。不管在家里的哪个角落，只要连接到房间内的任何电源插座上，就可立即拥有 PLC 带来的高速网络享受。

由于电力线是一个极其不稳定的高噪声、强衰减的传输通道，要实现可靠的电力线高速数据通信，必须解决各种因素对数据传输的影响。高效可靠的调制编码技术是高速 PLC 的关键。

PLC 技术按频段可分为窄带、中频带和宽带技术。其中，窄带 PLC 使用的带宽通常为几十 kHz，且频段一般位于 500 kHz 以下，可应用于自动抄表、配用电自动化、能源控制、电网监测等低速数据通信场合。当前基于 OFDM 的窄带 PLC 的标准主要有 G3-PLC 和 PRIME，G3-PLC 由法国电力公司 ERDF、Maxim Integrated 和 Sagem Communication 共同开发，PRIME 标准由 PRIME 联盟推出。

中频带 PLC 技术发源于中国，基于国家电网公司 HPLC 规范的中频带技术，广泛用于国内用电信息采集领域，并于 2018 年在 IEEE 完成标准化，发布了 IEEE 1901.1 国际标准。

而 PLC-IoT（Power Line Communication Internet of Things）是基于 HPLC/IEEE 1901.1 结合华为特有技术，且面向物联网场景的中频带电力线载波通信技术。其工作频段范围在 0.7~12 MHz，噪声低且相对稳定，信道质量好；采用正交频分复用（OFDM）技术，频带利用率高，抗干扰能力强；通过将数字信号调制在高频载波上，实现数据在电力线介质的高速长距离传输。通过多级组网可将传输距离扩展至数千米，基于 IPv6 可承载丰富的物联网协议，使能终端设备智能化，实现设备全连接。

2019 年 8 月 9 日，在华为开发者大会上推出海思 PLC-IoT 电力线载波方案，该方案采用树形网络架构，如图 2-6 所示。

图中，CCo 为树根主节点，创建并维护电力载波通信网络；STA 为树枝节点或叶子节点；PSTA 为中继节点。

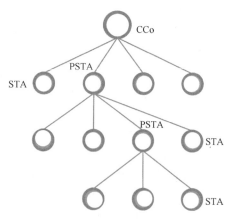

图 2-6 PLC 树形网络架构

2. 海思 PLC-IoT

海思 PLC-IoT 电力线载波通信方案在使用电力线供电的前提条件下，较其他通信技术具有如下优势：

（1）提供更远的传输距离和更高的传输速率。

无须担心建筑物遮挡造成的无线信号衰减；理论传输距离 5 km。相对于 2.4G 通信技术，信道环境简单。提供 100 kbit/s~2 Mbit/s 应用层传输速率，保障 IoT 类产品通信即时性。

（2）提供便捷的施工、运维，有电即能用。

无须关注拓扑，只要保障设备供电，即可实现通信。无须考虑部署中继节点，只要在同一电力变压器供电环境下，即可进行通信。

（3）能够使用简单、经济的方案隔离通信区域。

可以通过简单的并接电容隔离通信区域，避免通信区域间干扰。实现同一通信区域内的无感知自组网。

华为海思 PLC-IoT 集成 IC 采用全自动协调技术及实时动态网络带宽联动机制，无须人工控制，可根据线缆线路展现双重、实时、高速通信，确保全自动互联网组网方案和独立运营。根据客户真实场景评价，互联网运营规模为 100 个连接点，推送和接收 55.1 万次的成功率达到 99.87%。

3. PLC 智能家居系统

PLC 智能家居系统结构图如图 2-7 所示。

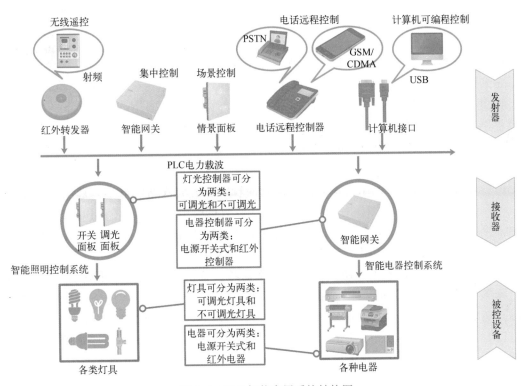

图 2-7　PLC 智能家居系统结构图

由图 2-7 可知智能家居系统主要由 3 部分组成，即发射器、接收器和被控设备。

（1）发射器主要作用是通过电力线发射 PLC-BUS 控制信号给接收器，通过对接收器的控制，从而达到间接控制灯及电器设备的目的。

（2）接收器主要作用是接收来自电力线的 PLC-BUS 控制信号，并执行相关控制命令，从而达到灯及电器控制的目的。

（3）被控设备主要有各种电器和各类灯具。

另外为了配合发射器及接收器工作，还需要一些配套设备，辅助实现控制目的，例如：三相耦合器、信号转换器、信号强度分析仪、滤波器等。

2.3 家庭无线组网技术

无线智能家居网络是指在家庭内部将各种电气设备和电气子系统通过无线电连接起来，采用统一的通信协议，对内实现资源共享，对外通过网关与外部网互联进行信息交换的无线局域网。

无线组网技术是智能家居未来的发展趋势，因为它取消了烦琐的布线，接入更简单。无线组网技术经过多年发展也日趋成熟，目前使用较多的有：ZigBee、蓝牙 Mesh 和 WiFi 6。

2.3.1 ZigBee 技术

ZigBee 技术是一种基于 IEEE 802.15.4 通信协议的短距离无线通信技术。主要特征是近距离、低功耗、低成本、低传输速率。ZigBee 支持星形、树形和网状网的组网，形式多样，广泛应用于智能家居、工业监控、传感器网络等领域。ZigBee 技术使用三种频段，即 2.4 GHz（全球）、868 MHz（欧洲）和 915 MHz（美国），三个频段传输速率分别为 250 kbit/s、20 kbit/s 与 40 kbit/s。

2.3.1 ZigBee 技术

ZigBee 技术的特点是：

（1）功耗低。ZigBee 网络模块设备工作周期较短、传输数据量很小，且使用了休眠模式（当不需接收数据时处于休眠状态，当需要接收数据时由"协调器"唤醒它们）。因此，ZigBee 模块非常省电，2 节 5 号干电池可支持 1 个模块工作 6~24 个月，甚至更长。这是 ZigBee 的突出优势，特别适用于无线传感器网络。

（2）成本低。由于 ZigBee 协议栈设计非常简单（需要的系统资源不到蓝牙的 1/10），所以降低了对通信控制器的要求。普通网络模块硬件只需 8 位微处理器，4~32 KB 的 ROM，且软件实现也很简单。ZigBee 协议是免专利费的，每块芯片的价格低于 1 美元。

（3）可靠性高。ZigBee 采用了 CSMA/CA 碰撞避免机制，同时为需要固定带宽的通信业务预留了专用时隙，避免了发送数据时的竞争和冲突。MAC 层采用了完全确认的数据传输机制，每个发送的数据包都必须等待接收方的确认信息。所以从根本上保证了数据传输的可靠性。如果传输过程中出现问题可以进行重发。

（4）时延短。ZigBee 技术与蓝牙技术的时延相比，其各项指标值都非常小。通信时延和从休眠状态激活的时延都非常短，典型的搜索设备时延 30 ms，而蓝牙为 3~10 s。休眠激活时延为 15 ms，活动设备信道接入时延为 15 ms。因此 ZigBee 技术适用于对时延要求苛刻的无线控制（如工业控制场合等）应用。

（5）网络容量大。相比于蓝牙网络只支持 7 个从设备的连接，一个星型结构的 ZigBee 网络最多可以容纳一个主设备和 254 个从设备，一个区域内最多可以同时存在 100 个 ZigBee 网络，这样，最多可组成 65000 多个模块的大网，网络容量大，组网灵活。

（6）安全性好。ZigBee 提供了三级安全模式。第一级实际上是无安全方式，对于某种应用，如果安全并不重要或者上层已经提供足够的安全保护，器件就可以选择这种方式来转移数据；对于第二级安全级别，器件可以使用接入控制清单（ACL）来防止非法器件获取数据，在这一级不采取加密措施；第三级安全级别在数据转移中采用属于高级加密标准

（AES）的对称密码，AES 可以用来保护数据净荷和防止攻击者冒充合法器件，以灵活地确定其安全性。

（7）有效范围小。ZigBee 有效覆盖范围 10 ~ 75 m 之间，具体依据实际发射功率的大小和各种不同的应用模式而定，基本上能够覆盖普通的家庭或办公室环境。

（8）兼容性好。ZigBee 技术与现有的控制网络标准无缝集成。通过网络协调器自动建立网络，采用载波侦听/冲突检测（CSMACA）方式进行信道接入。为了可靠传递，还提供全握手协议。

采用 ZigBee 技术的国内智能家居品牌主要有绿米联创、欧瑞博和紫光物联等。采用 ZigBee 技术的智能家居系统如图 2-8 所示。

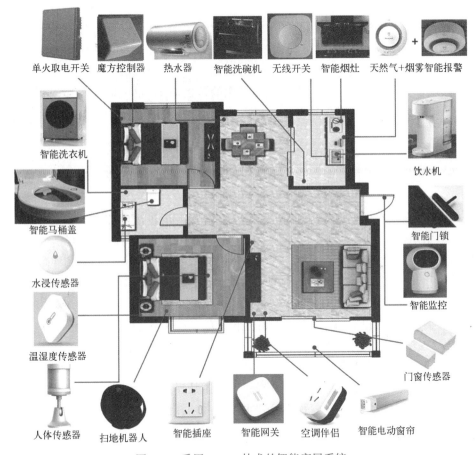

图 2-8　采用 ZigBee 技术的智能家居系统

2.3.2　蓝牙 Mesh 技术

"蓝牙"（Bluetooth）是一种短距离无线通信技术规范，它将计算机技术与通信技术更紧密地结合在一起，使得一些轻巧便携的现代移动通信设备和数码设备，不必借助电缆就能联网，随时随地进行信息的交换与传输。

蓝牙技术在亚马逊、阿里巴巴、谷歌、百度和小米等语音控制前端设备中的应用日益增长，并在智能照明、智能家电、门锁、传感器，以及其他领域不断增加。

蓝牙 Mesh 技术规格的制定是 120 家蓝牙技术联盟企业会员共同努力的成果，远远超越了一般的规模，因此才能满足全球对于蓝牙网状网络产业标准的要求。对蓝牙技术而言，Mesh 规格的制定，象征着网络拓扑结构的转变，扩大了网络覆盖范围。蓝牙 Mesh 网络在助力未来智能家居自动化的进程中发挥着重要作用。蓝牙 Mesh 网络在主要的家居自动化平台（如阿里巴巴和小米）的大力支持下，持续满足家居应用环境对设备网络日益提升的需求。蓝牙技术联盟（SIG）推出了低功耗蓝牙（BLE）技术，将其作为功耗最低的短距离无线通信标准。与经典蓝牙一样，BLE 也在具有 1 Mbit/s 带宽的 2.4 GHz ISM 频带下工作。此外，智能家居的开发者，最注重接入家居互联的设备彼此是否能够互连互通，实现智能家居的多元应用。

蓝牙技术联盟于 2022 年 5 月 11 日发布了《2022 年蓝牙市场最新资讯》，预计 2022 年，蓝牙设备的出货量可达 51 亿余台，到 2026 年，预计年出货量将突破 70 亿余台。

蓝牙技术具有以下特点：

（1）低成本，全球范围适用。蓝牙技术使用的是 2.4 GHz 的 ISM 频段。现有的蓝牙标准定义的工作频段为 2.402 ~ 2.480 GHz，这是一个无须向专门管理部门申请频率使用权的频段。

（2）便于使用。蓝牙技术的程序写在一个不超过 1 cm² 的微芯片中，并采用微微网与散射网络结构及快调频和短包技术。与其他工作在相同频段的系统相比，蓝牙跳频更快，数据包更短，这使蓝牙技术比其他系统都更稳定。

（3）安全性高和抗干扰能力强。蓝牙无线收发器采用扩展频谱跳频技术。把 2.402 ~ 2.480 GHz 以 1 MHz 为单位划分为 79 个频点，根据主单元调频序列，采用每秒 1600 次快速调频。跳频是扩展频谱常用的方法之一，在一次传输过程中，信号从一个频率跳到另一个频率发送，而频率点的排列顺序是伪随机的，这样蓝牙传输不会长时间保持在一个频率上，也就不会受到该频率信号的干扰。

（4）低功耗。蓝牙设备在通信连接状态下，有 4 种工作模式：激活模式、呼吸模式、保持模式和休眠模式。激活模式是正常的工作状态，另外 3 种模式是为了节能所规定的低功耗模式。呼吸模式下的从设备周期性地被激活；保持模式下的从设备停止监听来自主设备的数据分组，但保持其激活成员地址；休眠模式下的主从设备仍保持同步，但从设备不需要保留其激活成员地址。这 3 种节能模式中，呼吸模式的功耗最高，但对主设备的响应最快，休眠模式的功耗最低，对主设备的响应最慢。

（5）开放的接口标准。蓝牙特别兴趣小组（SIG）为了推广蓝牙技术的使用，将蓝牙的技术标准全部公开，全世界范围内的任何单位和个人都可以进行蓝牙产品的开发，只要最终通过 SIG 的蓝牙产品兼容性测试，就可以推向市场。这样一来，SIG 就可以通过提供技术服务和出售芯片等业务获利，同时大量的蓝牙应用程序也可以得到大规模推广。

（6）全双工通信和可靠性高。蓝牙技术采用时分双工通信技术，实现了全双工通信。采用 FSK 调制，CRC、FEC 和 ARQ，保证了通信的可靠性。

（7）网络特性好。由于蓝牙支持点对点及一点对多点通信，利用蓝牙设备也可方便地组成简单的网络（微微网）。蓝牙无线网络结构如图 2-9 所示。

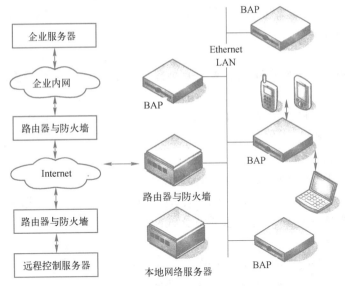

图 2-9　蓝牙无线网络结构示意图

BAP—蓝牙接入点　LAN—局域网

2.3.3　WiFi 6 技术

WiFi 是英文无线保真（Wireless Fidelity）的缩写，俗称无线宽带。是无线局域网（WLAN）中的一个标准（IEEE 802.11b）。随着技术的发展，以及 IEEE 802.11a 及 IEEE 802.11g 等标准的出现，现在 IEEE 802.11 这个标准已被统称为 WiFi。

WiFi 6（原称 IEEE 802.11.ax）即第六代无线网络技术，是 WiFi 标准的名称，是 WiFi 联盟在 IEEE 802.11 标准基础上创建的无线局域网技术。WiFi 6 允许与多达 8 个设备通信，最高速率可达 9.6 Gbit/s。

2019 年 9 月 16 日，WiFi 联盟宣布启动 WiFi 6 认证计划。2020 年 1 月 3 日将使用 6 GHz 频段的 IEEE 802.11ax 称为 WiFi 6E。

WiFi 6 主要使用了 OFDMA、MU-MIMO 等技术，MU-MIMO（多用户多入多出）技术允许路由器同时与多个设备通信，而不是依次进行通信。MU-MIMO 允许路由器一次与四个设备通信。WiFi 6 还利用其他技术，如 OFDMA（正交频分多址）和发射波束成形，两者的作用分别为提高效率和网络容量。

WiFi 6 中的一项新技术允许设备规划与路由器的通信，减少了保持天线通电以传输和搜索信号所需的时间，这就意味着减少了电池消耗并改善了电池续航表现。

WiFi 6 设备要想获得 WiFi 联盟的认证，则必须使用 WPA3，因此一旦认证计划启动，大多数 WiFi 6 设备都会具有更强的安全性。

相比于前几代的 WiFi 技术，新一代 WiFi 6 主要特点在于：

1. 速度快

相比于上一代 802.11ac 的 WiFi 5，WiFi 6 最大传输速率由前者的 3.5 Gbit/s 提升到 9.6 Gbit/s，理论速度提升了近 2 倍。

2. 延时低

WiFi 6 不仅仅是上传下载速率的提升，还大幅改善网络拥堵的情况，允许更多的设备连接至无线网络，并拥有一致的高速连接体验，而这主要归功于同时支持上行与下行的 MU-MIMO 和 OFDMA 新技术。

3. 频段兼容

频段方面，WiFi 5 只涉及 5GHz，WiFi 6 则覆盖 2.4/5GHz，完整涵盖低速与高速设备。

4. 数据容量高

调制模式方面，WiFi 6 支持 1024-QAM，高于 WiFi 5 的 256-QAM，数据容量更高，意味着更高的数据传输速度。

5. 带宽利用率好

WiFi 5 标准虽然支持 MU-MIMO 技术，但仅支持下行，只能在下载内容时体验该技术。而 WiFi 6 则同时支持上行与下行 MU-MIMO，这意味着移动设备与无线路由器之间上传与下载数据时都可体验 MU-MIMO，进一步提高无线网络带宽利用率。

6. 空间数据流多

WiFi 6 最多可支持的空间数据流由 WiFi 5 的 4 条提升至 8 条，也就是可最大支持 8×8 MU-MIMO，这也是 WiFi 6 速率大幅提升的重要原因之一。

7. 传输技术新

WiFi 6 采用了 OFDMA（正交频分多址）技术，它是 WiFi 5 所采用的 OFDM 技术的演进版本，将 OFDM 和 FDMA 技术结合，在利用 OFDM 对信道进行父载波化后，在部分子载波上加载传输数据的传输技术，允许不同用户共用同一个信道，允许更多设备接入，响应时间更短，延时更低。

IEEE 802.11 工作组研究和标准化了完整的 WiFi 技术体系，涵盖从物理层核心标准到频谱资源、管理、视频车载应用多方面的标准，标准化进程如表 2-2 所示。

表 2-2　1EEE802.11 标准化进程

协　　议	发 布 年 份	频　　带	最大传输速率
802.11	1997	2.4~2.5 GHz	2 Mbit/s
802.11a	1999	5.15~5.35/5.47~5.725/5.725~5.875 GHz	54 Mbit/s
802.11b	1999	2.4~2.5 GHz	11 Mbit/s
802.11g	2003	2.4~2.5 GHz	54 Mbit/s
802.11n	2009	2.4 GHz 或 5 GHz	600 Mbit/s（4×4MIMO，40 MHz）
802.11ac	2011	5 GHz	3.2 Gbit/s（4×4MIMO，160 MHz）
802.11ad	2013	60 GHz	7 Gbit/s
802.11ah	2016	900 MHz	7.8 Mbit/s（256-QAM）
802.11ax	2017	5 GHz	9.6 Gbit/s
802.11be	2022	2.4 GHz、5 GHz、6 GHz	30 Gbit/s

2018 年 8 月我国提出并担任编辑的 IEEE802.11aj-2018《信息技术系统间远程通信和信息交换局域网和城域网特定要求第 11 部分：无线局域网媒体访问控制和物理层规范补篇 3：支持中国毫米波频段（60 GHz 和 45 GHz）的增强超高吞吐量》标准由 IEEE（电气和电子工程师协会）正式发布。

2.4　移动通信技术

2.4.1　移动通信概述

移动通信是指移动体之间的通信，或移动体与固定体之间的通信。移动体可以是人，也可以是汽车、火车、轮船、收音机等在移动状态中的物体。

移动通信属于无线通信，它是利用电磁波信号在自由空间中传播的特性进行信息交换的一种通信方式，又称为无线移动通信。它采用蜂窝无线组网方式，在终端和网络设备之间通过无线通道连接起来，进而实现用户在活动中可相互通信。其主要特征是终端的移动性，并具有越区切换和跨本地网自动漫游功能，网络结构如图 2-10 所示。

移动通信与固定通信相比，具有以下特点：

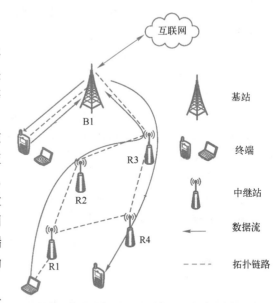

图 2-10　蜂窝移动通信网络结构示意图

1. 移动性

移动性就是要保持物体在移动状态中的通信，因而它必须是无线通信，或无线通信与有线通信的结合。移动通信的传播信道是无线信道，也称无线移动信道。

2. 电磁波传播环境复杂

因移动体可能在各种环境中运动，电磁波在传播时会产生反射、折射、绕射、多普勒效应等现象，产生多径干扰、信号传播延迟和展宽等效应。另外，移动台相对于基地台距离远近变化会引起接收信号场强的变化，即存在远近效应。

3. 噪声和干扰严重

除去一些常见的外部干扰和噪声，如天电干扰、工业干扰、信道噪声等，在城市环境中还有汽车噪声等，移动用户之间的相互干扰、邻里干扰、同频干扰等。

4. 系统和网络结构复杂

移动通信是一个多用户通信系统网络，必须使用户之间互不干扰，能协调一致地工作。此外，移动通信系统还应与市话网、卫星通信网、数据网等互联，整个网络结构很复杂。

5. 用户终端设备、管理和控制要求高

用户终端设备除技术含量很高外，对于手持机还要求体积小、质量轻、防振动、省电、操作简单、携带方便；对于载台还应保证在高低温变化等恶劣环境下也能正常工作。

由于移动通信系统中用户的终端可移动，为了确保与指定的用户进行通信，移动通信系统必须具备很强的管理和控制功能，如用户的位置登记和定位、呼叫链路的建立和拆除、信道的分配和管理、越区切换和漫游的控制、鉴权和保密措施、计费管理等。

2.4.2　移动通信技术的发展

移动通信综合利用了有线、无线的传输方式，为人们提供了一种快速便捷的通信手段。由于电子技术，尤其是半导体，集成电路及计算机技术的发展，以及市场的需求，使物美价廉、轻便可靠、性能优越的移动终端设备日益完善和普及。现代的移动通信已经历了五代的发展，并向第六代迈进。2019 年 11 月 3 日，国家科技部会同发展改革委、教育部、工业和信息化部、中科院、自然科学基金委在北京组织召开 6G 技术研发工作启动会。2020 年 11 月，北京邮电大学 6G 项目获得 2020 年国家重点研发计划"宽带通信与新型网络"重点专项资助；2021 年 4 月 12 日，华为轮值董事长徐直军在华为全球分析师大会上表示，6G 将在 2030 年左右推向市场，华为也将发布 6G 白皮书，告诉各行各业 6G 是什么。

1.　第一代移动通信技术（1G）

1G 起源于 20 世纪 80 年代，主要采用的是模拟调制技术与频分多址接入（FDMA）技术，这种技术的主要缺点是频谱利用率低，信令干扰话音业务。1G 主要代表有：美国的先进移动电话系统（AMPS）、英国的全球接入通信系统（TACS）和日本的电报电话系统（NMT）。1G 移动通信基于模拟传输技术，其特点是业务量小、质量差、交全性差、没有加密和速度低。1G 主要基于蜂窝结构组网，直接使用模拟语音调制技术，传输速率约 2.4 Kbit/s。

1G 无线系统在设计上只能传输语音流量，并受到网络容量的限制。1G 时代的街上随处可见公共电话亭以及等着打电话的人，大家腰带上都别着 BP 机。

2.　第二代移动通信技术（2G）

第二代移动通信技术起源于 20 世纪 90 年代初期，主要采用数字的时分多址（TDMA）和码分多址（CDMA）技术。第二代移动通信数字无线标准主要有：欧洲的 GSM 和美国高通公司推出的 IS-95CDMA 等，我国主要采用 GSM，美国、韩国主要采用 CDMA。

为了适应数据业务的发展需要，在第二代技术中还诞生了 2.5G，也就是 GSM 系统的 GPRS 和 CDMA 系统的 IS-95B 技术，大大提高了数据传送能力。

数字移动通信相对于模拟移动通信，提高了频谱利用率，支持多种业务服务，并与 ISDN 等兼容，改善了语音质量，增大了网络容量，加强了通话的保密性，并且为用户提供了无缝的国际漫游服务。

第二代移动通信系统以传输话音和低速数据业务为目的，因此又称为窄带数字通信系统。

3.　第三代移动通信技术（3G）

国际电信联盟（ITU）于 2000 年 5 月公布了第三代移动通信标准，正式命名为国际移动通信 2000。欧洲电信标准协会（ETSI）称其为通用移动通信系统（UMTS）。众多 3G 系统都用到了 CDMA 相关技术，CDMA 系统以其频率规划简单、频率复用系数高、系统容量大、抗多径能力强、软容量、软切换等特点，显示出巨大的发展潜力。3G 下行速度峰值理论上可达 3.6 Mbit/s（有一种说法是 2.8 Mbit/s），上行速度峰值也可达 384 kbit/s。

我国国内采用国际电联确定的三个无线接口标准，分别是中国电信的 CDMA2000，中国联通的 WCDMA，中国移动的 TD-SCDMA。

第三代移动通信提供的业务包括语音、传真、数据、多媒体娱乐和全球无缝漫游等。与第一代和第二代移动通信技术相比，3G 有更宽的带宽，其传输速率最低为 384 kbit/s，最高为 2 Mbit/s，带宽可达 5 MHz 以上。它不仅能传输语音，而且能传输数据，能够实现高速数据传输和宽带多媒体服务。

4. 第四代移动通信技术（4G）

第四代移动通信是真正意义的高速移动通信系统，能够以 100 Mbit/s 的速率下载，上传的速率也能达到 20 Mbit/s，可满足几乎所有用户对无线服务的要求。4G 支持交互多媒体业务、高质量影像、3D 动画和宽带互联网接入，是宽带大容量的高速蜂窝系统。

第四代移动通信的关键技术包括信道传输，抗干扰性强的高速接入技术、调制和信息传输技术，高性能、小型化和低成本的自适应阵列智能天线，大容量、低成本的无线接口和光接口，系统管理资源、软件无线电、网络结构协议等。

第四代移动通信主要是以正交频分复用（OFDM）为技术核心。OFDM 技术的特点是对网络结构可高度扩展，具有良好的抗噪声性能和抗多信道干扰能力，可以提供更高质量的无线数据技术（速率高、时延小）服务和更好的性能价格比，能为 4G 无线网提供更好的方案。

5. 第五代移动通信技术（5G）

5G 是最新一代蜂窝移动通信技术，也是 4G 系统之后的延伸。5G 的性能目标是高数据速率、减少延迟、节省能源、降低成本、提高系统容量和大规模设备连接。详细介绍见 2.4.3 节。

移动通信技术的五代发展进程如图 2-11 所示。

代号	1G	2G	3G	4G	5G
应用	语音 	短信 	上网、社交应用 	上网、在线游戏、视频、直播 	VR、物联网、自动驾驶 
制式	AMPS、TACS	GSM、CDMA	WCDMA、CDMA2000 TD-SCDMA	TD-LTE、FD-LTE	eMBB场景标准，其他待定
速率	2.4kbit/s	>9.6kbit/s	>384kbit/s	100Mbit/s	>1Gbit/s
特点	成本高、设备体积大 稳定性、保密性差 模拟机通信 只提供语音业务	数字化 提升容量稳定性 保密性较好 提供语音、短信等业务	大容量、高质量 较好支持语音、短信和数据 频谱利用率较高	全IP、速率快 频谱效率高 高QoS支持图像、视频等多业务	高频、大容量、高速率 低时延、大连接 支持VR/AR、物联网、工业控制等多场景

图 2-11　移动通信技术的五代发展进程

2.4.3　5G 通信技术

5G 是第五代移动通信技术的简称，4G 时代的终端以智能设备为主，而在 5G 时代绝大多数消费产品、工业品、物流等都可以与网络连接，海量"物体"将实现无线联网。5G 物联网还将与云计算和大数据技术结合在一起，使得整个社会充分物联化和智能化。5G 的性能目标是高数据速率、减少延迟、节省能源、降低成本、提高系统容量和大规模设备连接。

国际电信联盟（ITU）定义了 5G 的三大类应用场景，即增强移动宽带（eMBB）、超高可靠低时延通信（uRLLC）和海量机器类通信（mMTC）。增强移动宽带主要面向移动互联网流量爆炸式增长，为移动互联网用户提供更加极致的应用体验；超高可靠低时延通信主要面向工业控制、远程医疗、自动驾驶等对时延和可靠性具有极高要求的垂直行业应用需求；海量机器类通信主要面向智慧城市、智能家居、环境监测等以传感和数据采集为目标的应用需求。ITU 定义了 5G 的八大关键性能指标，其中高速率、低时延、大连接成为 5G 最突出的特征，用户体验速率达 1 Gbit/s，时延低至 1 ms，用户连接数密度达 $10^6/km^2$。

2020 年 11 月 13 日在 2020 全球移动宽带论坛期间，华为常务董事汪涛发表了题为"定义 5.5G，构建美好智能世界"的主题演讲。华为提出的 5.5G 概念，是在原有的高速率、大连接、低时延三个应用场景的基础上，进一步扩展三个应用场景，即上行超宽带（UCBC）、宽带实时通信（RTBC）和通信感知融合（HCS）。从 5G 场景的"三角形"变成 5.5G 场景的"六边形"，才能从支撑万物互联到使能万物智联。

UCBC 场景在 5G 能力基线，实现上行带宽能力 10 倍提升，满足企业生产制造等场景下，机器视觉、海量宽带物联等上传需求，加速千行百业智能化升级；RTBC 场景支持大带宽和低交互时延，目标是在给定时延下和一定的可靠性要求下的带宽提升 10 倍，打造人与虚拟世界交互时的沉浸式体验；HCS 主要使能的是车联网和无人机两大场景，支撑自动驾驶是关键需求。通过将蜂窝网络 Massive MIMO 的波束扫描技术应用于感知领域，使得 HCS 场景下既能够提供通信，又能够提供感知；如果延展到室内场景，还可提供定位服务。

2019 年 6 月 6 日，工信部向中国电信、中国移动、中国联通、中国广电发放 5G 商用牌照。中国商用 5G 的时间表较市场预期提前了半年。同年 11 月 1 日，三大运营商宣布首批在 50 个城市开通 5G 商用，同时正式启用 5G 商用套餐。

2021 年 7 月 5 日，我国工信部等 10 个部门联合印发了《5G 应用"扬帆"行动计划（2021-2023 年）》（下称《行动计划》）。《行动计划》提出以打造 IT（信息技术）、CT（通信技术）、OT（运营技术）深度融合新生态为发展目标，部署了"5G 应用生态融通行动"，目的就是构建统一的 5G 应用生态。《行动计划》提出到 2023 年，我国 5G 应用发展水平显著提升，综合实力持续增强。其中，5G 个人用户普及率超过 40%，用户数超过 5.6 亿。5G 网络接入流量占比超 50%，5G 网络使用效率明显提高。

《行动计划》指出：推进 5G 与智慧家居融合，深化应用感应控制、语音控制、远程控制等技术手段，发展基于 5G 技术的智能家电、智能照明、智能安防监控、智能音箱、新型穿戴设备、服务机器人等，不断丰富 5G 应用载体。

2022 年 6 月 6 日，我国 5G 商用牌照发放已满三周年，全国已建成 5G 基站 161.5 万个，占全球 5G 基站总数的 60% 以上；5G 手机终端连接数达 5.2 亿台，全球占比超 80%。

2021 年 7 月 14 日，我国工信部发布通信行业 1 项国家标准、53 项行业标准和 1 项行业标准修改单报批公示，其中包括多项 5G 行业标准，如 YD/T 3961-2021《5G 消息 终端技术要求》、YD/T 3962-2021《5G 核心网边缘计算总体技术要求》、YD/T 3973-2021《5G 网络切片 端到端总体技术要求》、YD/T 3974-2021《5G 网络切片 基于切片分组网络（SPN）承载的端到端切片对接技术要求》、YD/T 3975-2021《5G 网络切片 基于 IP 承载的端到端切片对接技术要求》、YD/T 3976-2021《5G 移动通信网 会话管理功能（SMF）及用户平面功能（UPF）拓扑增强总体技术要求》、YD/T 5263-2021《数字蜂窝移动通信网 5G 核心网工程技术规范》、YD/T 5264-2021《数字蜂窝移动通信网 5G 无线网工程技术规范》。

5G 与 4G 的区别见表 2-3。

表 2-3　5G 与 4G 的区别

技术指标	4G 参考值	5G 参考值	提升效果
峰值速率	1 Gbit/s	10~20 Gbit/s	10~20 倍
用户体验速率	10 Mbit/s	0.1~1 Gbit/s	10~100 倍
流量密度	0.1 Tbit/s/km²	10 Tbit/s/km²	100 倍
端到端时延	10 ms	1 ms	10 倍
连接数密度	$10^5/km^2$	$10^6/km^2$	10 倍
移动通信支持速度	350 km/h	500 km/h	1.43 倍
能效	1 倍	100 倍提升	100 倍
频谱效率	1 倍	3~5 倍提升	3~5 倍

2.5　物联网技术

2.5　物联网
技术

2.5.1　物联网的定义

"物联网概念"是在"互联网概念"的基础上,将其用户端延伸和扩展到任何物品与物品之间,进行信息交换和通信的一种网络概念。目前人们对物联网的定义有以下几种。

1. 定义 1

1999 年,美国麻省理工学院 Auto-ID 中心教授 Ashton 在研究 RFID 时最早提出物联网概念:把所有物品通过射频识别(RFID)和条码等信息传感设备与互联网连接起来,实现智能化识别和管理。

2. 定义 2

2005 年 11 月 17 日,在突尼斯举行的信息社会峰会(WSIS)上,国际电信联盟(ITU)发布了《ITU 互联网报告 2005:物联网》,正式提出了"物联网"的概念。报告提出,无所不在的"物联网"通信时代即将来临,世界上所有的物体从轮胎到牙刷,从房屋到纸巾都可以通过因特网主动进行通信,射频识别(RFID)技术、传感器技术、纳米技术、智能嵌入技术将得到更加广泛的应用。

3. 定义 3

2009 年 9 月 15 日欧盟第 7 框架下 RFID 和物联网研究项目簇(CERP-IOT)在发布的 *Internet of Things Strategic Research Roadmap* 研究报告中对物联网的定义:物联网是未来因特网(Internet)的一个组成部分,可以被定义为基于标准的和可互操作的通信协议且具有自配置能力的动态的全球网络基础架构。物联网中的"物"都具有标识、物理属性和实质上的个性,使用智能接口,实现与信息网络的无缝整合。

从上述 3 种定义不难看出,"物联网"的内涵是起源于由 RFID 对客观物体进行标识并利用网络进行数据交换这一概念,并不断扩充、延展、完善而逐步形成的。

通过这些年的发展,物联网基本可以定义为通过无线射频识别、无线传感器等信息传感设备,按传输协议,以有线和无线的方式把任何物品与互联网相连接,运用"云计算"等技术，进行信息交换和通信等处理，以实现智能化识别、定位、跟踪、监控和管理等功能的一种网络。物联网是在互联网的基础上，将用户端延伸和扩展到任何物品与物品之间，在这个网络中，物品（商品）能够彼此进行"交流"，而无须人的干预。其实质是利用 RFID 等技术，通过计算机互联网实现物品（商品）的自动识别和信息的互联与共享。

2.5.2 物联网的基本特征

物联网的基本特征从通信对象和过程来看，物与物、人与物之间的信息交互是物联网的核心。物联网的基本特征可概括为全面感知、可靠传输和智能处理。

1. 全面感知

利用无线射频识别（RFID）、传感器、定位器和二维码等手段随时随地对物体进行信息采集和获取。传感器属于物联网的神经末梢，成为人类全面感知自然的最核心元件，各类传感器的大规模部署和应用是构成物联网不可或缺的基本条件。对应不同的应用应安装不同的传感器，传感器获得的数据信息具有实时性，按一定的周期采集相关信息，并且不断更新数据信息。

2. 可靠传递

是指通过各种电信网络和因特网融合，对接收到的感知信息进行实时远程传送，实现信息的交互和共享，并进行各种有效的处理。这一过程通常需要用到有线和无线网络，例如无线局域网、无线传感器网络、光纤宽带网和移动通信网等。

3. 智能处理

是指利用云计算、模糊识别等各种智能计算技术，对随时接收到的跨地域、跨行业、跨部门的海量数据和信息进行分析处理，提升对物理世界、经济社会各种活动和变化的洞察力，实现智能化的决策和控制。

2.5.3 物联网的体系结构

物联网的突出特征是通过各种感知方式来获取物理世界的各种信息，结合互联网、有线网、无线移动通信网等进行信息的传递与交互，再采用智能计算技术对信息进行分析处理，从而提升人们对物质世界的感知能力，实现智能化的决策和控制。

物联网的体系结构通常被认为有 3 个层次，从下到上依次是感知层、网络层和应用层，如图 2-12 所示。

1. 感知层

物联网的感知层主要完成信息的采集、转换和收集。可利用射频识别（RFID）、二维码、GPS、摄像头、传感器等感知、捕获、测量技术手段，随时随地地对感知对象进行信息采集和获取。感知层包含两个部分，即传感器（或控制器）、短距离传输网络。传感器（或控制器）用来进行数据采集及实现控制，短距离传输网络将传感器收集的数据发送到网关，或将应用平台的控制指令发送到控制器。感知层的关键技术主要为传感器技术和短距离传输网络技术，例如物联网智能家居系统中的感知技术，包括无线温湿度传感器，无线门磁、窗磁，无线燃气泄漏传感器等；短距离无线通信技术（包括由短距离传输技术组成的无线传感网技术）将在后面介绍。

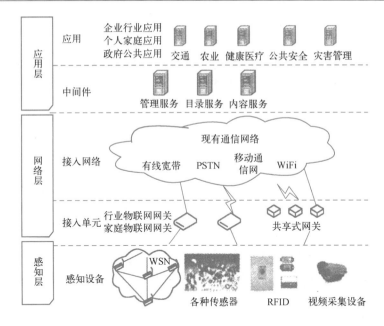

图 2-12　物联网的体系结构

PSTN—公共交换电话网　RFID—射频标识　WSN—无线传感器网络

2. 网络层

物联网的网络层主要完成信息传递和处理。网络层包括两个部分，即接入单元、接入网络。接入单元是连接感知层的网桥，它汇聚从感知层获得的数据，并将数据发送到接入网络。接入网络即现有的通信网络，包括移动通信网、公共交换电话网、有线宽带网等。通过接入网络，人们将数据最终传入互联网。

例如物联网智能家居系统中的网络层还包括家居物联网管理中心、信息中心、云计算平台、专家系统等对海量信息进行智能处理的部分。网络层不但要具备网络运营的能力，还要提升信息运营的能力，如对数据库的应用等。在网络层中，尤其要处理好可靠传送和智能处理这两个问题。

网络层的关键技术既包含了现有的通信技术，如移动通信技术、有线宽带技术、公共交换电话网（PSTN）技术、无线联网（WiFi）通信技术等，又包含了终端技术，如实现传感网与通信网结合的网桥设备、为各种行业终端提供通信能力的通信模块等。

3. 应用层

物联网的应用层主要完成数据的管理和数据的处理，并将这些数据与各行业应用相结合。应用层也包括两部分，即物联网中间件、物联网应用。物联网中间件是一种独立的系统软件或服务程序。中间件将许多可以公用的能力进行统一封装，提供给丰富多样的物联网应用。统一封装的能力包括通信的管理能力、设备的控制能力、定位能力等。

物联网应用是用户直接使用的各种应用，种类非常多，包括个人家庭应用（如家用电器智能控制、家庭安防等），也包括很多企业行业应用（如石油监控应用、电力抄表、车载应用、远程医疗等），还包括政府公共应用。

2.5.4 物联网的关键技术

物联网是一种复杂、多样的系统技术，它将"感知、传输、应用"3 项技术结合在一起，是一种全新的信息获取和处理技术。因此，从物联网技术体系结构角度解读物联网，可以将支持物联网的技术分为 4 个层次：感知层技术、传输层技术、支撑层技术、应用层技术。

1. 感知层技术

感知层技术是指能够用于物联网底层感知信息的技术，它包括射频识别（RFID）技术、传感器技术、无线传感器网络技术、蓝牙技术、遥感技术、GPS 定位技术、多媒体信息采集与处理技术及二维码技术等。

2. 传输层技术

传输层技术是指能够汇聚感知数据，并实现物联网数据传输的技术，它包括互联网技术、地面无线传输技术、卫星通信技术、移动通信技术、有线宽带网络技术以及短距离无线通信技术等。

3. 支撑层技术

支撑层技术是物联网应用层的分支，它是指用于物联网数据处理和利用的技术，包括云计算技术、嵌入式技术、人工智能技术、数据库与数据挖掘技术、分布式并行计算和多媒体与虚拟现实等。

4. 应用层技术

应用层技术是指用于直接支持物联网应用系统运行的技术，主要是根据行业特点，借助互联网技术手段，开发各类行业应用解决方案，将物联网的优势与行业的生产经营、信息化管理、组织调度结合起来，形成各类物联网解决方案，构建智能化的行业应用。它包括物联网信息共享交互平台技术、物联网数据存储技术以及各种行业物联网应用系统。

应用层主要基于软件技术和计算机技术实现，其关键技术主要是基于软件的各种数据处理技术。此外，云计算技术作为海量数据的存储、分析平台，也将是物联网应用层的重要组成部分，应用是物联网发展的目的，各种行业和家庭应用的开发是物联网普及的原动力，将给整个物联网产业链带来巨大利润。

2.5.5 NB-IoT 和 LoRa 协议

NB-IoT 和 LoRa 协议属于低功耗广域网（LPWAN），针对的是超远距离的应用，而且需要运营商来做对接。

1. NB-IoT

NB-IoT（窄带物联网）是 3GPP 标准组织的许可的 IoT 协议，具有广覆盖、低能耗、海量连接、低成本等特点，是新一代移动通信技术发展方向。

NB-IoT 具备四大特点：一是广覆盖，将提供改进的室内覆盖，在同样的频段下，NB-IoT 比现有的网络增益 20 dB，相当于提升了 100 倍覆盖区域的能力；二是具备支撑海量连接的能力，NB-IoT 一个扇区能够支持 10 万个连接，支持低延时敏感度、超低的设备成本、低设备功耗和优化的网络架构；三是更低功耗，NB-IoT 终端模块的待机时间可长达 10 年；四是更低的模块成本，企业预期的单个连接模块不超过 5 美元。NB-IoT 的体系结构如图 2-13 所示。

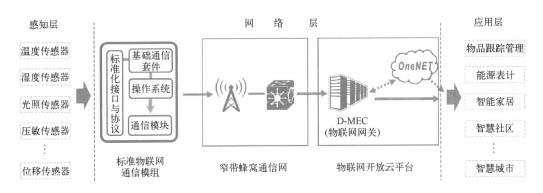

图 2-13　窄带物联网体系结构

2020 年 5 月 7 日，工信部印发《关于深入推进移动物联网全面发展的通知》，将 NB-IoT 纳入 5G 标准，明确了构建 NB-IoT、LTE-Cat1 和 5G "三驾马车" 协同发展的移动物联网综合生态体系。其中，NB-IoT 满足大部分低速率场景需求，Cat1 满足中等速率物联需求和语音需求，5G 满足高速率、低时延联网需求。通知要求制定移动物联网与垂直行业融合标准。推动 NB-IoT 标准纳入 ITUIMT-2020 5G 标准；面向智能家居、智慧农业、工业制造、能源表计、消防烟感、物流跟踪、金融支付等重点领域，推进移动物联网终端、平台等技术标准及互联互通标准的制定与实施，提升行业应用标准化水平。

2021 年 5 月 17 日天翼物联宣布："中国电信 5G NB-IoT 用户规模突破 1 亿，5G 窄带物联网规模全球第一"，建成了全球首个连续覆盖、规模最大、覆盖最广、频段最优的 NB-IoT 商用网络，NB-IoT 基站超 40 万。

2. LoRa

LoRa 是 LoRa 联盟提供的 IoT 网络协议，它使用未经许可的频谱，几乎允许任何人以低成本建立自己的网络。LoRa 联盟在全球拥有超过 500 个会员，并在全球超过 157 个国家布置了 LoRa 或 LoRaWAN，截至 2020 年 1 月在全球已部署 LoRa 网关更是高达 80 多万个，LoRa 的连接节点超过 1.45 亿个。LoRa 在全球范围持续高速增长，使其成为全球主流物联网的事实标准之一。

在我国，阿里巴巴、腾讯等互联网巨头是 LoRa 技术的积极推动者，此外，中国铁塔也在 2018 年加入到 LoRa 联盟当中。

LoRa 属于非运营商网络的长距离通信解决方案，所使用的频段正好在工信部规定的民用无线电计量仪表使用频段。因为限定为单频点使用，不能用于组网应用，所以也就限制了 LoRa 技术取得合法通信频段的资格。

2019 年 11 月 28 日，工信部根据《中华人民共和国无线电管理条例》发布的 52 号公告称："470~510 MHz 限在建筑楼宇、住宅小区及村庄等小范围内组网应用，任意时刻限单个信道发射。"这意味着，LoRa 在有限制的条件下，正式拿到合法的通信频谱，使得 LoRa 在国内变成了有法可依、有频段可用的通信网络。

实训 2　搭建家庭无线网络

1. 实训目的

（1）了解家庭网络的规划设计。

（2）了解家庭网络的国家标准。

（3）熟悉家庭组网技术。

（4）掌握家庭网络的布线。

2. 实训场地与设备

在有弱电箱的实验室或教室进行此实训。

（1）光纤猫 1 台。

（2）路由器 1 台。

（3）交换机 1 台。

（4）无线 AP 面板 3 个。

（5）网线及网线水晶头的数量自定。

（6）工具 1 套。

3. 实训步骤与内容

（1）准备组建家庭无线网络的器材。

（2）根据布线需要做好网线接头。

（3）参考图 2-1 连接好光纤猫、路由器、交换机、无线 AP 面板。

（4）确认路由器的地址，路由器的地址一般是 192.168.1.1 或者是 192.168.0.1。

（5）给组建的无线网络设置一个密码。

（6）用仪器或智能手机测试无线信号强度。

4. 实训报告

写出实训报告，包括实训结果、遇到的问题、解决方法及心得体会。

思考题 2

1. 光纤猫和路由器各有什么作用？

2. 家庭网络布线施工要注意哪几点？

3. PLC 的主要优点有哪些？

4. ZigBee 技术有哪些特点？

5. 5G 的三大类应用场景是什么？

6. 物联网的关键技术有哪些？

第3章 人工智能技术在智能家居中的应用

本章要点

- 了解人工智能的定义及应用领域。
- 熟悉语音识别的基本原理。
- 熟悉3D人脸识别的基本原理。
- 熟悉指纹识别的基本原理。
- 掌握人工智能在智能家居领域的应用。

3.1 人工智能技术概述

3.1 人工智能
技术概述

3.1.1 人工智能的定义

人工智能（Artificial Intelligence，AI）是一门研究、开发用于模拟、延伸和扩展人的智能的理论、方法、技术及应用系统的新的学科。

人工智能是计算机科学的一个分支，它企图了解智能的实质，并生产出一种新的能以与人类智能相似的方式做出反应的智能机器，该领域的研究包括机器人、语言识别、图像识别、自然语言处理和专家系统等。人工智能从诞生以来，理论和技术日益成熟，应用领域也不断扩大，可以设想，未来人工智能带来的科技产品，将会是人类智慧的"容器"。人工智能可以对人的意识、思维过程进行模拟。人工智能不是人的智能，但能像人那样思考，也可能超过人的智能。

人工智能是一门极富挑战性的科学，从事这项工作的人需要具备计算机、心理学和哲学等知识。人工智能是由不同的领域组成，如机器学习，计算机视觉等，总的说来，人工智能研究的一个主要目标是使机器能够胜任一些通常需要人类智慧才能完成的复杂工作。但不同的时代、不同的人对这种"复杂工作"的理解是不同的。

用来研究人工智能的主要物质基础以及能够实现人工智能技术平台的机器就是计算机，人工智能的发展历史是和计算机科学技术的发展史联系在一起的。除了计算机科学以外，人工智能还涉及信息论、控制论、自动化、仿生学、生物学、心理学、数理逻辑、语言学、医学和哲学等多门学科。

中国科学院院士、清华大学人工智能研究院院长张钹认为，未来人工智能产业发展在扩大应用场景的同时，必须实现数据、算法与应用层的安全可控。同时，他表示人工智能的安全可控问题要同步从技术层面来解决。在具体的实现路径上，他提出要发展"第三代人工智能"，即融合了第一代的知识驱动和第二代的数据驱动的人工智能，利用知识、数据、算法和算力四个要素，建立新的可解释和鲁棒的 AI 理论与方法，发展安全、可信、可靠和可扩展的 AI 技术。

3.1.2 人工智能的应用领域

近年来，人工智能的应用领域很多，它能替代人所不擅长的工作，如长时间的体力劳动，长时间需要肉眼识别的工作，另外还包括更多的智能化领域，在这些领域需要人工智能帮助提高设备和机器的能力。目前"AI+"已经成为公式，发展至今，人工智能主要在制造、家居、金融、零售、交通、安防、医疗、物流、教育等行业中有广泛的应用，如图 3-1 所示。

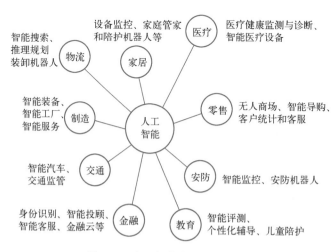

图 3-1 人工智能应用最广领域

1. 制造

随着工业 4.0 时代的推进，传统制造业对人工智能的需求开始爆发。人工智能在制造业的应用主要有三个方面。首先是智能装备，包括自动识别设备、人机交互系统、工业机器人以及数控机床等具体设备。其次是智能工厂，包括智能设计、智能生产、智能管理以及集成优化等具体内容。最后是智能服务，包括大规模个性化定制、远程运维以及预测性维护等具体服务模式。虽然目前人工智能的解决方案尚不能完全满足制造业的要求，但作为一项通用性技术，人工智能与制造业融合是大势所趋。

近几年人工智能将改变制造业的六大应用趋势是：

（1）用于缺陷检测的深度学习。

（2）通过机器学习进行预测性维护。

（3）人工智能将打造数字孪生。

（4）智能制造的生成设计。

（5）基于 ML 的能耗预测。

（6）人工智能和机器学习驱动的认知供应链。

可以预见人工智能在制造业中的未来是光明的。2021 年 4 月，普华永道（PwC）报告显示，制造业人工智能技术在未来五年内将有望快速增长，如图 3-2 所示。

	2021年	在未来五年内改变	五年后使用
预测性维护	28%	+38%	66%
大数据驱动过程与质量优化	30%	+35%	65%
过程可视化/自动化	28%	+34%	62%
互联工厂	29%	+31%	60%
综合规划	32%	+29%	61%
支持数据的资源优化	52%	+25%	77%
工厂的数字孪生	19%	+25%	44%
生产资产的数字孪生	18%	+21%	39%
产品的数字孪生	23%	+20%	43%
自主厂内物流	17%	+18%	35%
灵活的生产方法	18%	+16%	34%
生产方法参数转移	16%	+16%	32%
模块化生产资产	29%	+7%	36%
全自主数字人脸识别系统	5%	+6%	11%

图 3-2   人工智能技术在制造业未来五年发展预测

2. 家居

智能家居主要是基于物联网技术，通过智能硬件、软件系统、云计算平台构成一套完整的家居生态圈。用户可以远程控制设备，设备间可以互联互通，并进行自我学习等，为用户提供安全、节能、便捷、整体优化的家居环境。将人工智能技术与家居生活深度融合将产生巨大经济效益和社会价值，越来越多的企业已经开始尝试研发推广人工智能家居产品。在国外，智能家居领域人工智能的应用首先是亚马逊的 Echo 智能音箱，该音箱除了播放音乐外，还具备语音助理、智能家居中控等"技能"。用户无须操作某个按钮，只通过简单的语音指令，就可以让音箱播放音乐、查询新闻和天气信息、控制智能家居设备。

全球范围内，人工智能在家居领域主要有以下五大典型应用：

（1）人工智能技术打造智能家电。通过人工智能技术丰富家用电器的功能，对家电进行智能化，并为各种音乐类智能辅助设备提供智能服务的人工智能应用模式是目前最为智能家居市场所广泛接受的。

（2）人工智能技术助力家居智能控制平台。通过开发完整的智能家居控制系统或控制器，使得居住者能够智能控制室内的门、窗和各种家用电子设备，此类型的人工智能应用模式是大型互联网科技公司在智能家居领域角力的主赛场。

（3）人工智能技术助推绿色家居。主要通过智能传感器、监测技术和云端数据库等来智能调节家中的水、电和煤气等资源的开关，并控制居室外花园的水资源和土壤资源使用情况，达到居室能源绿色高效利用和低碳节能环保的目的。

（4）人工智能技术助力家庭安全和监测。通过利应用人工智能传感器技术保障用户自身和家庭的安全，对用户自身健康、幼儿和宠物进行监测，此类型的人工智能应用模式数量最多且融资情况相对较好。

（5）人工智能应用于家居机器人。人工智能在家居机器人中的成熟形态包括陪护、保洁、对话聊天等场景，部分企业也开始试水功能更丰富的智能家居机器人。扫地机器人如图 3-3 所示。

图 3-3　扫地机器人

2020 年 7 月 27 日，工信部、科技部、国家标准化管理委员会、中央网信办、国家发展改革委等五部门联合印发《国家新一代人工智能标准体系建设指南》(以下简称《指南》)，《指南》旨在加强人工智能领域标准化顶层设计，推动人工智能产业技术研发和标准制定，促进产业健康可持续发展。值得关注的是，在该《指南》中，智能家居明确作为重点行业之一进行推进发展。《指南》指出：规范家居智能硬件、智能网联、服务平台、智能软件等产品、服务和应用，促进智能家居产品的互联互通，有效提升智能家居在家居照明、监控、娱乐、健康、教育、资讯、安防等方面的用户体验。

3. 金融

人工智能在金融领域的应用主要包括：智能获客、身份识别、大数据风控、智能投顾、智能客服、金融云等，该行业是人工智能渗透最早、最全面的行业。未来人工智能将持续带动金融行业的智能应用升级和效率提升。例如第四范式开发的一套 AI 系统，不仅可以精确判断一个客户的资产配置，做清晰的风险评估，还可以智能推荐产品给客户，将转化率提升65%。很多金融行业的应用，都可以作为人工智能在其他行业落地的典型案例。

银理安金融服务云平台除保留安全与反欺诈、机器人服务、深度智能大数据平台等特色服务外，还在云服务接入、云接口标准化、云支付网关等方面进行升级改造，如图 3-4 所示。

4. 零售

人工智能在零售领域的应用已经十分广泛，无人便利店、智慧供应链、客流统计、无人仓库、无人车等都是热门方向。京东自主研发的无人仓库采用大量智能物流机器人进行协同与配合，通过人工智能、深度学习、图像智能识别、大数据应用等技术，让工业机器人可以进行自主的判断和行为，完成各种复杂的任务，在商品分拣、运输、出库等环节实现自动化。图普科技则将人工智能技术应用于客流统计，通过人脸识别客流统计功能，门店可以从性别、年龄、表情、新老顾客、滞留时长等维度建立到店客流用户画像，为调整运营策略提供数据基础，帮助门店运营从匹配真实到店客流的角度提升转换率。

无人便利店是 AI+新零售的主要应用场景之一，它的主要构成是自助收银机，以及控制出门的语音提示门禁和控制进门的刷脸识别屏门禁。现在基于支付宝和微信的能结账和消磁的自动收银机更加成熟，整个无人便利店的系统也在应用过程中慢慢地完善。而且无人便利店是适应了整个社会发展的潮流，可以解放很多的劳动力，从整个零售行业的成本来说，可以减少很多不必要的成本。而且随着人工智能的飞速发展，无人便利店会更加智能化，应用的场景也会越多。无人便利店如图 3-5 所示。

图 3-4　银理安金融服务云平台

图 3-5　无人便利店

5. 交通

智能交通系统（Intelligent Traffic System，ITS），是将先进的科学技术（计算机技术、数据通信技术、传感器技术、电子控制技术、自动控制理论、运筹学、人工智能等）有效地综合运用于交通运输、服务控制和车辆制造，加强车辆、道路、使用者三者之间的联系，从而形成一种保障安全、提高效率、改善环境、节约能源的综合运输系统。智能交通系统示意图如图 3-6 所示。

图 3-6 智能交通系统示意图

6. 医疗

近年来，随着"健康中国 2030"战略持续落地，国民人均可支配收入提高，人民对高质量医疗服务的要求持续上升。在疾病谱改变、人口老龄化、城镇化发展的大背景下，传统医院已无法满足日益增长的医疗需求，于是以大数据、5G、物联网、人工智能等数字技术为导向的智慧医院建设呈现百花齐放的态势。

智慧医院建设具备全面透彻感知、全面互联互通、全面智能决策和全面智能应用四个特征，既能帮助医护人员和管理人员提高工作效率，又能为患者实时掌握自己的健康状况提供便捷通道。在智慧医院的搭建中，医院不再只是一个机构，也不只是一个实体，而是作为一个平台重塑医疗服务的产业链、供应链和价值链，每一个利益攸关者都会在这个链条上重新定位。

如在医院里有智慧护理、智慧病区、智慧诊疗 App 等，通过建设病区信息系统、生命体征自动传输系统、床旁交互系统、病历语音输入等，为病人和医护提供连续、全程的优质服务；医疗数据可以在移动终端实时呈现，医生、护士、康复师可通过手机、PDA，随时获得患者信息；医生可实现远程监控重症病人的呼吸机、心电监护参数以及各项检查及医嘱情况。智慧手术室示意图如图 3-7 所示。

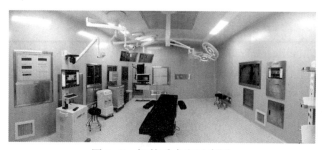

图 3-7 智慧手术室示意图

7. 安防

安防领域涉及的范围较广，小到个人、家庭，大到社区、城市、国家。智能安防也是国家在城市智能化建设中投入较大的领域，截至当前，安防监控行业的发展经历了四个发展阶段，分别为模拟监控、数字监控、网络高清和智能监控时代，每一次行业变革，都得益于算法、芯片和零组件的技术创新，以及由此带动的成本下降。

社区智能安防系统包括可视对讲子系统、视频监控子系统、智能家居子系统、报警子系统、出入口管理子系统和综合管理平台。其中视频监控子系统是社区智能安防建设中的重点，它可以对社区内指定的监视点进行实时监控。视频监控子系统主要由高清网络摄像机、网络传输设备、人体红外探测器、网络视频服务器和监控显示系统等五大部分组成。视频监控系统通过前端设备采集视频图像，通过视频传输系统能在监控中心的显示设备上集中显示，同时具备多画面监视、轮巡等功能，能够体现监控信息与其物理位置的对应关系，实现对社区内外环境的实时监控。社区视频监控子系统拓扑图如图 3-8 所示。

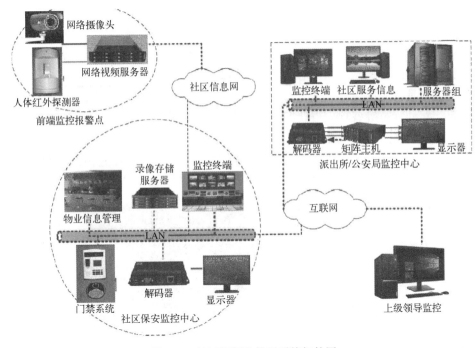

图 3-8　社区视频监控子系统拓扑图

8. 教育

进入 21 世纪，学校在不断探索如何将教育与人工智能完美结合。人工智能教育是产业科技与学校教育的结合，从企业的角度来说，人工智能教育是把人工智能技术作为一个工具，去赋能教育，如利用技术手段提高学生的学习成绩，提高学校的教学环境，以及智慧教育课堂、远程教育直播等，这些属于教育信息化的层面。从学校的角度来看，应该把人工智能当作一门学科，从内容层面来做教育，让学生掌握人工智能的基本应用，掌握 AI 的思维和科技创新的思维、批判性思维，这些思维引导他们去做更多的创新，所以只有把人工智能作为教育教学的内容，才能培养出大规模的懂人工智能的人才。虚拟仿真远程实验平台 VILab 如图 3-9 所示。

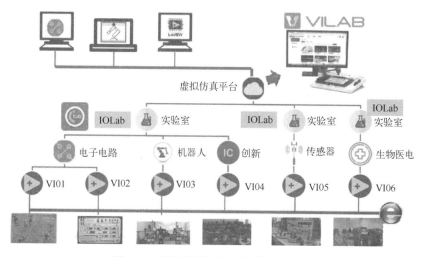

图 3-9　虚拟仿真远程实验平台 VILab

9. 物流

在智慧物流体系中通过感知技术自动采集物流信息，同时借助移动互联技术随时把采集的物流信息通过网络传输到数据中心，使物流各环节的信息采集与实时共享，以及管理者对物流各环节运作进行实时调整与动态管控。全自动化的物流管理运用基于 RFID、传感器、声控、光感、移动计算等各项先进技术，建立物流中心智能控制、自动化操作网络，从而实现物流、商流、信息流、资金流的全面管理。如在货物装卸与码堆中，采用码垛机器人、激光或电磁无人搬运车进行物料搬运，自动化分拣作业、出入库作业也由自动化的堆垛机操作，整个物流作业系统完全实现自动化、智能化。码垛机器人如图 3-10 所示。

图 3-10　码垛机器人

3.1.3　我国人工智能产业发展趋势

从人工智能产业进程来看，技术突破是推动产业升级的核心驱动力。数据资源、运算能力、核心算法共同发展，掀起人工智能第三次新浪潮。人工智能产业正处于从感知智能向认知智能的进阶阶段，前者涉及的智能语音、计算机视觉及自然语言处理等技术，已具有大规模应用基础，但后者要求的"机器要像人一样去思考及主动行动"尚待突破，诸如无人驾驶、全自动智能机器人等仍处于开发中，与大规模应用仍有一定距离。

1. 智能服务呈现线下和线上的无缝结合

分布式计算平台的广泛部署和应用，增大了线上服务的应用范围。同时人工智能技术的发展和产品不断涌现，如智能家居、智能机器人、自动驾驶汽车等，为智能服务带来新的渠道或新的传播模式，使得线上服务与线下服务的融合进程加快，促进多产业升级。

2. 智能化应用场景从单一向多元发展

目前人工智能的应用领域还多处于专用阶段，如人脸识别、视频监控、语音识别等都主要用于完成具体任务，覆盖范围有限，产业化程度有待提高。随着智能家居、智慧物流等产品的推出，人工智能的应用终将进入面向复杂场景，处理复杂问题，提高社会生产效率和生活质量的新阶段。

3. 人工智能和实体经济深度融合进程将进一步加快

党的十九大报告提出"推动互联网、大数据、人工智能和实体经济深度融合"，一方面，随着制造强国建设的加快将促进人工智能等新一代信息技术产品发展和应用，助推传统产业转型升级，推动战略性新兴产业实现整体性突破。另一方面，随着人工智能底层技术的开源化，传统行业将有望加快掌握人工智能基础技术并依托其积累的行业数据资源实现人工智能与实体经济的融合创新。

3.2　语音识别技术

3.2　语音识别
技术

3.2.1　简介

语音识别技术（Auto Speech Recognize，ASR）所要解决的问题是让计算机能够"听懂"人类的语音，将语音中包含的文字信息"提取"出来。语音识别是一门涉及面很广的交叉学科，它与声学、语音学、语言学、信息理论、模式识别理论以及神经生物学等学科都有非常密切的关系。语音识别技术正逐步成为计算机信息处理技术中的关键技术，语音技术的应用已经成为一个具有竞争性的新兴高技术产业。

语音识别技术自 20 世纪 50 年代开始步入萌芽阶段，发展至今，主流算法模型已经经历了四个阶段：模板匹配阶段、模式和特征分析阶段、概率统计建模阶段和现在主流的深度神经网络阶段。目前，语音识别主流厂商主要使用端到端算法，在理想实验环境下语音识别准确率可高达 99% 以上。

作为智能计算机研究的主导方向和人机语言通信的关键技术，语音识别一直受到各国科学界的广泛关注。如今，随着语音识别技术研究的突破，其对计算机发展和社会生活的重要性日益凸现。在现实生活中，语音识别技术的应用相当广泛，它改变了人与计算机交互的方式，使计算机更加智能。和键盘输入相比，语音识别更符合人的日常习惯；使用语音控制系统，相比手动控制，语音识别更加方便快捷，可以用在工业控制、智能家电等设备；通过智能对话查询系统，企业可以根据用户的语音进行操作，为用户提供自然、友好的数据检索服务。

从应用领域来看，目前消费级市场主要应用于智能硬件、智能家居、智慧教育、车载系统等领域，专业级市场主要应用于医疗、公检法、教育、客服、语音审核等领域。

2020 年 9 月 7 日发布实施的《智慧家庭全屋分布式语音交互规范》团体标准是由海尔智家牵头，联合中国家用电器研究院、科大讯飞股份有限公司等共同制定的，该标准号为 T/CAS 434–2020。标准规定了智慧家庭全屋分布式语音交互系统的系统框架、要求、测试方法，适用于智慧家庭跨器具、跨空间语音交互的设计研发和应用。

3.2.2 基本原理

语音识别系统其实是一种模式识别系统，包括特征提取、模式匹配、参考模式库三个基本单元，基本结构框图如图 3–11 所示。

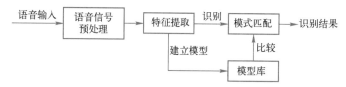

图 3–11 语音识别系统基本结构框图

未知语音经过话筒变换成电信号后加在识别系统的输入端，首先经过预处理，再根据人的语音特点建立语音模型，对输入的语音信号进行分析，并抽取所需的特征，在此基础上建立语音识别所需的模板。而计算机在识别过程中要根据语音识别的模型，将计算机中存放的语音模板与输入的语音信号的特征进行比较，根据一定的搜索和匹配策略，找出一系列最优的与输入语音匹配的模板。然后根据此模板的定义，通过查表就可以给出计算机的识别结果。显然，这种最优的结果与特征的选择、语音模型的好坏、模板是否准确都有直接的关系。

语音识别模块是在一种基于嵌入式的语音识别技术的模块，主要包括语音识别芯片和一些其他的附属电路，能够方便地与主控芯片进行通信。开发者可以方便地将该模块嵌入到自己的产品中使用，实现语音交互的目的。语音识别模块组成框图如图 3–12 所示。

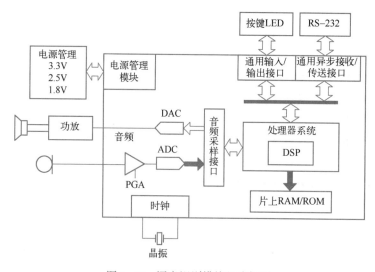

图 3–12 语音识别模块组成框图

2019 年 10 月科大讯飞与生态合作伙伴联合推出为家电行业打造的专用语音芯片 CSK400X 系列。全新专用语音芯片 CSK400X 系列算力达到 128 GOPS，与讯飞语音算法深度耦合，通过深度神经网络算法来解决家居的噪声问题，支持本地化远场交互，并支持 200 个命令词。

该系列芯片上植入了全栈语音能力，涵盖降噪、回声消除、语音分离、本地和云端语音识别、本地和云端语音合成以及在线全双工交互能力。

CSK400X 系列芯片性能强大，其中以 CSK4002 为例：

前端可支持更多路麦克风组合，从两路到 4 路到 7+1 路；支持 200 个唤醒词作为命令词；基于神经网络的前端处理；噪声抑制性能卓越（-15 db 以上）；回声、混响消除（-20 db 以上）；基于神经网络的唤醒识别算法；拾音距离超过 10 m，唤醒误触发的概率低，有效唤醒概率高（大于 95%）。

此外，CSK4002 还具备一定的可编程性、可复用性和可扩展性，其高计算力可拓展到其他应用领域，例如视觉计算和图像识别等。

3.2.3　主要应用

1. 应用在日常生活

语言交流是人与人之间最直接有效的交流沟通方式，语音识别技术就是让人与机器之间也能达到简单高效的信息传递。目前，语音识别技术已经深入日常生活的方方面面，比如手机上使用的语音输入法、语音助手、语音检索等应用；智能可穿戴设备、智能车载设备也越来越多地出现一些语音交互的功能，这里面的核心技术就是语音识别；而一些传统的行业应用也正在被语音识别技术颠覆，比如医院里使用语音进行电子病历录入，法庭的庭审现场通过语音识别分担书记员的工作，此外还有影视字幕制作、呼叫中心录音质检、听录速记等行业需求都可以用语音识别技术来实现。

在语音输入控制系统中，它使得人们可以抛开键盘，通过识别语音中的要求、请求、命令或询问来做出正确的指令，这样既可以解决人工键盘输入速度慢而且容易发生错误的问题，又有利于缩短系统的反应时间，使人机交流变得更便利，真正带领人们走入智能化时代。比如现在用得比较多的声控语音拨号系统、声控智能玩具、声控智能家电等领域。在智能对话系统中，用户可以通过口头上的命令输出，方便快捷地从远端的数据库系统中查询与提取有关信息，更轻松地享受数据库检索服务。

语音识别技术还可以应用于自动口语翻译，即通过口语识别技术、机器翻译、语音合成技术等相结合，将一种语音转换成另一种语音，解决跨语言交流问题，而实际上，很多出国旅行的人都会携带一款这样的智能翻译设备，甚至有些手机软件就能完成这些功能，可以让出国旅游更便利。

2. 应用在军事领域

语音识别技术在军事领域里同样有着重要的应用价值和极其广阔的应用空间。一些语音识别技术就是着眼于军事活动而研发，并在军事领域首先应用、首获成效的，军事应用对语音识别系统的识别精度、响应时间以及系统的稳定性都有着极高的要求。目前，语音识别技术已在军事指挥和指挥自动化方面得以应用。比如，将语音识别技术应用与航天航空飞行控制，可快速提高作战效率并减轻飞行员的工作负担，飞行员利用语音输入来代替传统的手动操作各种设备和开关，以及重新改编或排列显示器上的信息等，可使飞行员把时间和精力用于集中对攻击目标的判断和完成其他操作，以便获得信息来发挥战术优势。

3. 应用在智能家居领域

在智能家居领域中有智能语音助手、智能音箱、服务机器人、智能电视等智能化产品成为现阶段搭载语音识别技术和自然语言处理技术的载体，作为潜在的智能家居入口。智能语音助手、智能音箱、服务机器人和智能电视等产品在提供原有的服务的同时，接入更多的移动互联网服务，并实现对其他智能家居产品的控制。这些产品为付费内容、第三方服务、电商等资源开拓了新的流量入口，用户多方数据被记录分析，厂商将服务嫁接到生活中不同的场景中，数据成为基础，服务更为人性化。

例如小度智能音箱搭载了百度对话式人工智能操作系统 DuerOS，能够控制家中所有的智能家电，包括空调、电视、插座、窗帘、加湿器、灯具等上千种，其外形如图 3-13 所示。

图 3-13 小度智能音箱

早上起床的时候，只要对着音箱说一声："小度，小度，请打开窗帘。"窗帘就会缓慢拉开。坐在沙发上只要对着音箱说一声："小度，小度，将空调温度调到 26℃。"空调就会自动将温度调到 26℃。只要对着音箱说一声："小度，小度，把台灯调到红色。"台灯光就会调到红色……如图 3-14 所示。总而言之，智能音箱将成为智能家居的中控主机。

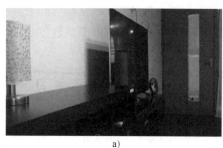
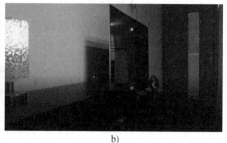

a)   b)

图 3-14 语音控制台灯调色

a) 调光前 b) 调光后

该语音音箱除语音控制外，还可手势控制和下载 App 后用手机控制。

3.3　3D 人脸识别技术

3.3　人脸识别技术

3.3.1　简介

人脸识别技术，是基于人的脸部特征信息进行身份识别的一种生物识别技术。用摄像机或摄像头采集含有人脸的图像或视频流，并自动在图像中检测和跟踪人脸，进而对检测到的人脸进行一系列相关计算，通常也叫作人像识别、面部识别。

人脸识别技术主要是通过人脸图像特征的提取与对比来进行的。人脸识别系统将提取的人脸图像的特征数据与数据库中存储的特征模板进行搜索匹配，通过设定一个阈值，当相似度超过这一阈值，则把匹配得到的结果输出。将待识别的人脸特征与已得到的人脸特征模板进行比较，根据相似程度对人脸的身份信息进行判断。

由于人脸图像数据的获取、人脸特征的提取方式不一样，一般分为 2D 人脸识别与 3D 人脸识别。2D 人脸识别又称人脸静态识别，3D 人脸识别又称人脸动态识别。

2D 人脸识别的优势是实现的算法相对比较多，有一套比较成熟的流程，图像数据获取比较简单，大部分 2D 人脸识别，使用两个摄像头，1 个黑白的做算法识别，1 个彩色的提供显示屏人脸对准，所以基于 2D 图像数据的人脸识别是目前的主流，在安防、监控、门禁、考勤、金融身份辅助认证、娱乐等多种场景中都有应用。

3D 人脸识别目前主要应用于金融支付领域、门锁开锁等涉及对安全级别要求比较高的应用场景。

3D 人脸识别根据摄像头成像原理，主要分为 3D 结构光、TOF、双目视觉和主动双目视觉技术。

3D 结构光通过红外光投射器，将具有一定结构特征的光线投射到被拍摄物体上，再由专门的红外摄像头进行采集。主要利用三角形相似的原理进行计算，从而得出图像上每个点的深度信息，最终得到三维数据。3D 结构光在近距离（<2 m）范围内，通过投射大批量的光斑，实现对空间尺度的覆盖和精确建模，精度高，效果稳定；结构光发射光斑，能量集中，受太阳光干扰较小。

TOF（Time of Flight）技术是 2018 年才被应用到手机摄像头的 3D 成像技术，其通过向目标发射一个经调制的红外光线脉冲或连续信号，再由特定传感器接收待测物体反射传回的光信号，计算光线往返的飞行时间或相位差，从而获取目标物体的深度信息。TOF 的发射接收效率高，但由于测距方式与光线路径直接相关，受到路径干扰情况也比较明显，如反射率不同的表面、平滑的表面等，对 TOF 的测距效果会产生较大干扰；TOF 发射红外泛光，易受到太阳光干扰。

双目视觉技术是将两个放在一起的摄像头平行注视物体，在概念上，类似人类借由双眼感知的视频相叠推算深度；双目视觉的优势是长距离（数十米甚至更远）、宽基线（以米为单位），应用场景多数为飞行器、车载、工业视觉等领域，已经有数十年的成熟应用；双目视觉在小尺度上由于基线过短，对厘米级别的立体特征无法做到准确还原，3D 成像效果有限。

主动双目技术是在双目视觉的基础上，增加点阵投射，以提高复杂环境下的深度提取的可靠性。对于光滑平面、高反光平面以及纹理缺乏的物体表面，增强深度效果，能够弥补传统双目的不足；但对于表面有一定纹理、粗糙度的物体，以及立体轮廓相对清晰的人体或者物体，不能够通过点阵投射加大深度效果。

四种 3D 人脸识别技术的对比见表 3-1。

表 3-1 四种 3D 人脸识别技术的对比

	双 目 视 觉	主 动 双 目	TOF	结 构 光
波段	可见光/红外光	红外光	红外光	红外光
2D 分辨率	高	高	低	中
3D 分辨率	低	低	中	高
工作距离	中长距离	短距离	中距离	短距离
抗强光能力	弱	中	中	高
防伪能力	弱	弱	中	高
芯片复杂度	低	低	高	中
算法复杂度	高	高	低	中
响应时间	高	中	高	中
功耗	低	中	高	中
成本	低	高	中	高
优点	成本低，方案成熟	成像效果优于双目	体积小，算法较简洁	精度高，抗干扰
缺点	算法复杂，立体成像弱	算法复杂，工作距离短	近距离精度低，功耗大	器件复杂，工作距离短

3.3.2 基本原理

人脸识别系统主要由 4 个部分组成，即人脸图像采集及检测、人脸图像预处理、人脸图像特征提取以及匹配与识别，如图 3-15 所示。

3.3.2 基本原理

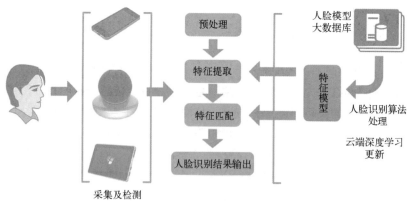

图 3-15 人脸识别系统组成示意图

1. 人脸图像采集及检测

不同的人脸图像都能通过摄像镜头采集下来，比如静态图像、动态图像、不同的位置、不同表情等方面都可以得到很好的采集。当用户在采集设备的拍摄范围内时，采集设备会自动搜索并拍摄用户的人脸图像。

人脸检测主要是删掉人脸图像中无关部分的信息，即在图像中准确标定出人脸的位置和大小，用于人脸识别的预处理。人脸图像中包含的模式特征十分丰富，如直方图特征、颜色特征、模板特征、结构特征等。人脸检测就是把这其中有用的信息挑出来，并利用这些特征实现人脸检测。

在人脸检测环节中，主要关注检测率、漏检率、误检率三个指标，其中检测率是指存在人脸并且被检测出的图像在所有存在人脸图像中的比例；漏检率是指存在人脸但是没有检测出的图像在所有存在人脸图像中的比例；误检率是指不存在人脸但是检测出存在人脸的图像在所有不存在人脸图像中的比例。

2. 人脸图像预处理

人脸的图像预处理是基于人脸检测结果，对图像进行处理并最终服务于特征提取的过程。系统获取的原始图像由于受到各种条件的限制和随机干扰，往往不能直接使用，必须在图像处理的早期阶段对它进行灰度校正、噪声过滤等图像预处理。对于人脸图像而言，其预处理过程主要包括人脸图像的光线补偿、灰度变换、直方图均衡化、归一化、几何校正、滤波以及锐化等。

3. 人脸图像特征提取

人脸识别系统可使用的特征通常分为视觉特征、像素统计特征、人脸图像变换系数特征、人脸图像代数特征等。人脸特征提取就是针对人脸的某些特征进行的。人脸特征提取，也称人脸表征，它是对人脸进行特征建模的过程。人脸特征提取的方法归纳起来分为两大类：一种是基于知识的表征方法；另外一种是基于代数特征或统计学习的表征方法。

基于知识的表征方法主要是根据人脸上各器官的形状描述以及它们之间的距离特性来获得有助于人脸分类的特征数据，其特征分量通常包括特征点间的欧氏距离、曲率和角度等。人脸由眼睛、鼻子、嘴、下巴等局部构成，对这些局部和它们之间结构关系的几何描述，可作为识别人脸的重要特征，这些特征被称为几何特征，如图 3-16 所示。基于知识的人脸表征主要包括基于几何特征的方法和模板匹配法。

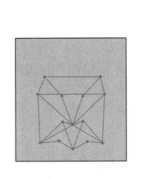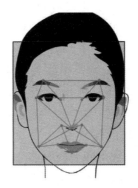

图 3-16　人脸的几何特征

4. 人脸图像匹配与识别

提取的人脸图像的特征数据与数据库中存储的特征模板进行搜索匹配，设定一个阈值，当相似度超过这一阈值，则把匹配得到的结果输出。人脸识别就是将待识别的人脸特征与已得到的人脸特征模板进行比较，根据相似程度对人脸的身份信息进行判断。这一过程又分为两类：一类是确认，是一对一进行图像比较的过程，另一类是辨认，是一对多进行图像匹配对比的过程。

3D人脸识别与2D人脸识别的步骤基本上一致，其主要差异如表3-2所示。

表3-2 3D人脸识别与2D人脸识别的主要差异

步 骤	2D	3D
图像数据采集	普通摄像头：RGB	普通摄像头+深度摄像头：RGBD 普通摄像头获取RGB信息然后生成3D信息
人脸检测	基于二维数据的图像检测，如CNN、haar等	基于二维数据的图像检测，如CNN、haar等 基于三维数据的图像分割，如VoxelNet、PCL等
特征提取	VGG、ResNet、inception、mobilenet、DenseNet等	2D+深度数据：VGG、ResNet、inception等+深度特征 3D数据：PointNet、PointCNN、PointSIFT等
图像匹配与识别	数据相似度计算：欧氏距离、余弦距离等	数据相似度计算：欧氏距离、余弦距离等

由表3-2可见3D人脸数据比2D人脸数据多了一维深度的信息，不管在识别准确度上还是活体检测准确度上3D人脸识别都比2D人脸识别有优势。但由于3D人脸数据比2D人脸数据多了一维深度信息，在数据处理的方法上有比较大的差异。

3.3.3 主要应用

人脸识别技术在智能家居中的应用主要有以下几个方面。

1. 人脸识别与视频监控系统

视频监控系统在智能家居系统中一直扮演着一个重要的角色。视频监控系统也经历过多个阶段的发展演变，但是它一直存在一个缺陷，那就是对于监控视频内的内容只能由人来进行判断。尽管现在的摄像头技术突飞猛进，有的可以局部放大并且不影响像素，有的有夜视功能，有的可以锁定可疑对象实现镜头移动，但是这些最终的判断还是要取决于人。也就是说，视频监控系统自身的"事后处理"能力并不是那么强大，不能充分发挥安防系统的主动性。基于生物特征识别技术的人脸识别视频监控系统的出现是智能家居安防系统发展的一大标志。智能人脸识别视频监控系统能够识别不明物体或生物，发现监控画面中的异常情况，并能够以最快最佳的方案执行后续方案，例如发出警报、鸣笛，或是向用户推送警报信息等，从而能够更加有效地协助安全人员处理危机，并最大限度地降低误报和漏报的现象。

人脸识别视频监控系统由四大核心部分组成：视频处理中心、人脸对比系统、黑名单数据库、安防报警系统。视频处理中心也称人脸捕获工作站，其功能是在监控视频中发现人脸，评估图像质量并提交给人脸识别系统进行对比。人脸对比系统将从处理中心收到的信息进行进一步处理，提取出特征模板并与黑名单数据库中的数据进行对比；黑名单数据库建立模板并将模板数据加入数据库，最后安防报警系统根据对比结果传递给用户的智能终端并发出警报。

2. 人脸识别与智能门禁系统

智能门禁系统是一种非常重要的安全防护管理系统，常规的智能门禁系统包含了智能门锁、智能猫眼、智能摄像头以及智能传感器等。随着人脸识别技术的成熟，越来越多的门禁系统中加入了人脸识别技术，形成了新型的人脸门禁系统。其主要通过人脸来进行判断，确定来访人员是否能够被允许进入，全面提升控制开关的安全性，人脸识别门禁如图 3-17 所示。

图 3-17　人脸识别门禁

采用深圳阜时科技 3D 人脸识别技术的智能门锁除 3D 人脸识别开锁外，还具有指纹、密码、卡片、钥匙和手机开锁功能，其中 3D 结构光人脸识别，通过多维度的视觉，突破 2D 视觉技术瓶颈，增强了安全性，可防止照片、视频攻击和 3D 模型攻击，提升人数统计的性能及准确性，是一种高安全活体识别技术。

阜时科技 3D 结构光人脸识别技术具有九大特点：即 3D 人脸识别，0.8 s 完成冷启动到人脸识别；符合人眼安全的红外成像，强光、逆光、弱光、全黑均可识别；结构光、仿生双目 3D 人脸识别技术，拥有金融级安全；非接触体感应唤醒；黑白肤色，身高 1.2~2 m 均可无感识别；防图片、视频、化妆、面具等的攻击；浓妆、墨镜、部分遮挡均可稳定识别；自学习功能，面部特征的变化可由智能算法学习捕捉；通过工信部、公安部人脸安全认证。

另外商汤科技也推出二代 3D 人脸识别智能锁——麒麟 R8，满足家庭日常对 3D 无感开门、可视对讲、WiFi 联网、主动防御、一键布防等更齐全的智能需求，带来更高的安全性和体验感，让家庭安防正式开启 3D 人脸智能锁 2.0 时代。

麒麟 R8 创新性采用更先进的二代 3D 人脸集成模组，人脸自动识别开锁，能抵抗照片、视频等伪造人脸攻击，安全级别达到金融支付级别。同时，麒麟 R8 也是行业首次集成人脸识别与猫眼功能的门锁产品，按下门铃即可实现在线视频对讲，不在家也能轻松迎客。在此基础上，它还兼顾智能猫眼的作用，可全天候监控门前动态，异常情况发出警告，抓拍彩色视频，推送手机消息，App 可随时读取查看，门前动态一览无余。

3. 人脸识别与智能家用机器人

人脸识别技术的陪伴应用，目前已经出现的主要体现在一些家用机器人的功能上。陪伴机器人已经出现在很多有小朋友的家庭中了，尤其是双职工的家庭，孩子放假在家，有一款陪伴机器人在家，从娱乐性、学习教育性或是安全性上来讲都是有益无害的。目前市面上有一些陪伴机器人已经安装了摄像头和内置了人脸识别技术。无论大人或小孩，可以通过"刷脸"的方式启动机器人，机器人可以根据摄像头前出现的用户的脸，自动识别并调整应对的语音、语气、程序等。比如应对家中5岁的小朋友，会自动调整对话语音模拟孩子的交流方式，并选择给5岁小孩提供的内容，而识别出沟通的对象是家人的面部，则可以开放更高权限的设置、查看记录等功能，如果沟通的对象是家中的老年人，则可以提供健康方面的需求，如测量心率、血压等。从陪伴的角度来说，家中无论是有小孩还是老年人，通过人脸识别技术都能让陪伴机器人迅速识别并提供相对的陪伴内容，无须用户手动选择并设定不同的程序，给用户减少了很多的操作麻烦。

3.4　指纹识别技术

3.4.1　简介

指纹是指人的手指末端正面皮肤上凸凹不平产生的纹线。纹线有规律的排列形成不同的纹型。纹线的起点、终点、结合点和分叉点，称为指纹的细节特征点。特征点提供了指纹唯一性的确认信息，其中最典型的是终结点和分叉点，其他还包括分歧点、孤立点、环点、短纹等。特征点的参数包括方向（节点可以朝着一定的方向）、曲率（描述纹路方向改变的速度）、位置（节点的位置通过 x、y 坐标来描述，可以是绝对的，也可以是相对于三角点或特征点的）。

指纹的总体特征是指那些用人眼直接就可以观察到的特征。包括纹形、模式区、核心点、三角点和纹数等。

指纹专家在长期实践的基础上，根据脊线的走向与分布情况一般将指纹的纹形分为螺旋形、弓形和环型（又称斗形）三大类，不同纹形的指纹如图3-18所示。

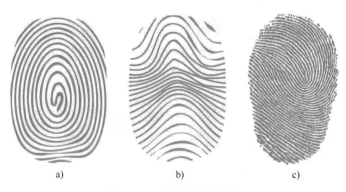

图3-18　不同纹形的指纹
a）螺旋形　b）弓形　c）环型

模式区即指纹上包括了总体特征的区域，从此区域就能够分辨出指纹是属于哪一种类型的。有的指纹识别算法只使用模式区的数据，有的则使用所取得的完整指纹；核心点位于指纹纹路的渐进中心，它在读取指纹和比对指纹时作为参考点。许多算法是基于核心点的，即只能处理和识别具有核心点的指纹；三角点位于从核心点开始的第一个分叉点或者断点，或者两条纹路汇聚处、孤立点、折转处，或者指向这些奇异点。三角点提供了指纹纹路的计数跟踪的开始之处；纹数，即模式区内指纹纹路的数量。在计算指纹的纹路时，一般先连接核心点和三角点，这条连线与指纹纹路相交的数量即可认为是指纹的纹数。

指纹的局部特征是指纹节点的特征。指纹的纹路并不是连续、平滑笔直的，经常会出现分叉、折转或中断。这些交叉点、折转点或断点称为"特征点"，它们提供了指纹唯一性的确认信息。

指纹识别作为生物特征识别的一种，在身份识别上有着其他手段不可比拟的优越性。这是因为人的指纹具有唯一性和稳定性的特点；随着指纹传感器性能的提高和价格的降低，指纹的采集相对容易；指纹的识别算法已经较为成熟。由于指纹识别的诸多优点，指纹识别技术已经逐渐走入日常生活中，成为目前生物检测学中研究最深入、应用最广泛和发展最成熟的技术。

3.4.2　基本原理

指纹识别是指通过比较不同指纹的细节特征点来进行人的身份鉴别。指纹识别技术涉及图像处理、模式识别、计算机视觉、数学形态学、小波分析等众多学科。由于每个人的指纹不同，就是同一人的十指之间，指纹也有明显区别，因此指纹可用于身份鉴定。由于每次按印的方位不完全一样，着力点不同会带来不同程度的变形，又存在大量模糊指纹，如何正确提取特征和实现正确匹配，是指纹识别技术的关键。

3.4.2　基本原理

两枚指纹经常会具有相同的总体特征，但它们的局部特征（即特征点）却不可能完全相同，因此，指纹识别技术通常使用指纹的总体特征如纹形、三角点等来进行分类，再用局部特征如位置和方向等来进行用户身份识别。通常，首先从获取的指纹图像上找到特征点，然后根据特征点的特性建立用户活体指纹的数字表示——指纹特征数据（一种单向的转换，可以从指纹图像转换成特征数据，但不能从特征数据转换成为指纹图像）。由于两枚不同的指纹不会产生相同的特征数据，所以通过对所采集到的指纹图像的特征数据和存放在数据库中的指纹特征数据进行模式匹配，计算出它们的相似程度，最终得到两枚指纹的匹配结果，根据匹配结果来鉴别用户身份。

总之，指纹识别技术首先通过读取指纹图像，然后用计算机识别软件提取指纹的特征数据，最后通过匹配识别算法得到识别结果。其基本原理框图如图 3-19 所示。

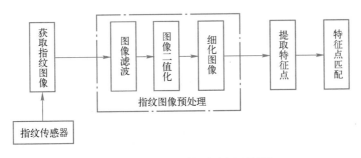

图 3-19　指纹识别的基本原理框图

1. 获取指纹图像

获取指纹图像一般通过专门的指纹传感器，指纹识别传感器根据信号的采集方式又可分为划擦式和接触式（面阵式）两种。划擦式（又称滑动式或刮擦式）指纹识别传感器，将手指从传感器上划过，系统就能获得整个手指的指纹。其宽度只有 5 mm 左右，面积只有手指的1/5，手指按压上去时，无法一次性采集到完整图像。在采集时需要手指划过采集表面，对手指划过时采集到的每一块指纹图像进行快照，这些快照再进行拼接，才能形成完整的指纹图像。接触式（一般称为面阵式）指纹识别传感器，手指平放在设备上以便获取指纹图像。一般为了获得整个手指的指纹，必须使用比手指更大的传感器，整个手指同时按压在传感器之上。

目前指纹识别传感器根据采集原理的不同，主要有光学指纹识别传感器与半导体指纹识别传感器两种，其中半导体指纹识别传感器又分为电容半导体指纹识别传感器和射频式半导体指纹识别传感器，生产电容半导体指纹识别传感器的知名企业有瑞典 FPC 等公司，而生产射频式半导体指纹识别传感器的则有美国 UPEK 等公司。

光学指纹识别传感器是利用光的折射和反射原理，光从底部射向三棱镜，并经棱镜射出，射出的光线在手指表面指纹凹凸不平的线纹上折射的角度及反射回去的光线明暗就会不一样。CMOS 或者 CCD 光学器件就会收集到不同明暗程度的图片信息，就完成指纹的采集。

半导体指纹识别传感器是在一块集成有成千上万个半导体器件的"平板"上，手指贴在其上与其构成了电容（电感）的另一面，由于手指平面凹凹不平，凸点处和凹点处接触平板的实际距离大小就不一样，形成的电容/电感数值也就不一样，设备根据这个原理将采集到的不同的数值汇总，也就完成了指纹的采集。

生物射频式指纹识别传感器是在电容式传感器的基础上扩展的，通过传感器本身发射出微量射频信号，穿透手指的表皮层获取里层的纹路，来获得最佳的指纹图像。可以排除手指表面的污垢、油脂干扰，防伪指纹能力强，射频识别原理只对人的真皮皮肤有反应，从根本上杜绝了人造指纹的问题。

另外，也可以通过扫描仪、数字相机等获取指纹图像。

2. 指纹图像预处理

指纹图像预处理包括指纹区域滤波、图像增强、指纹图像二值化和细化等。预处理是指对含噪声及伪特征的指纹图像采用一定的算法加以处理，使其纹线结构清晰，特征信息突出。其目的是改善指纹图像的质量，提高特征提取的准确性。

（1）图像增强（中值滤波）。由于获取的指纹图像质量不是很好，所以需要对其进行增强处理。这是指纹图像预处理过程中最核心的一步，主要是通过对受噪声影响的指纹图像去噪，同时对图像进行修复和整理，增强脊线谷线结构对比度，进一步获取更加清晰的图像。

（2）二值化处理。经过中值滤波后的指纹图像首先要进行二值化处理，变成二值图像。即将灰度图像（灰度有 255 阶）转化为只包含黑、白两个灰度的二值图像，即 0 和 1 两个值。

由于采集到的指纹图像不同，区域深浅不一，如对整幅图像使用同一阈值进行二值分割，会造成大量有用信息的丢失。使用自适应局部阈值二值化处理是对每小块指纹图像，选取的阈值应尽量使该块图像内大于该阈值的像素点数小于或等于该阈值的像素点数。这样使脊的灰度值趋于一致，对图像信息进行压缩，节约了存储空间，有利于指纹特征提取和匹配。

二值去噪是在指纹图像二值化处理后，再一次消除不必要的噪声，以利于辨识。

（3）指纹图像的细化。细化处理是在指纹图像二值去噪之后，在不影响纹线连通性的基础上，删除纹线的边缘像素，直到纹线为单像素宽为止，并在此基础上进行细化纹线的修复，包括断线的连接、毛刺和叉连的去除、短线和小孔的消除等。

3. 提取指纹图像特征点

指纹图像特征包括中心（上、下）和三角点（左、右）等，指纹的细节特征点主要包括纹线的起点、终点、结合点和分叉点。从预处理后的图像中提取指纹图像的特征点信息（端点、分叉点等），信息主要包括类型、坐标、方向等参数。指纹中的细节特征，通常包括端点、分叉点、孤立点、短分叉、环等。而纹线端点和分叉点在指纹中出现的机会最多、最稳定，且容易获取。通过这两类特征点就可对指纹特征进行匹配：计算特征提取结果与已存储的特征模板的相似程度。

指纹图像特征提取的算法有很多种，主要有基于灰度图像的细节特征提取、基于曲线的特征提取、基于奇异点的特征提取、基于脊线频率的特征提取等。对指纹图像的特征点进行提取，能有效地减少伪特征点，提取准确的特征点，提高匹配速度和指纹识别性能，降低识别系统的误识率和拒真率。

有一种是基于非彻底细化图像的指纹细节提取算法，它在不对纹线做任何修复处理的情况下，在细化指纹图像上直接提取原始细节特征点集，得到初步的特征提取结果；然后分析图像中存在的各类噪声及其特点，结合指纹细节特征点固有的分布规律和局部纹线方向信息，针对不同的噪声采用针对性算法，并利用伪特征点在数学形态学上的分布规律，将各类噪声引起的伪特征点分别予以删除，而将最终保留的特征点集作为真正特征点的集合。指纹图像特征点提取具体算法流程如图 3-20 所示，其中去伪算法又分为去除伪端点、去除小孔、去除毛刺、去除纹线差连等几部分。

4. 指纹图像特征点匹配

指纹图像特征点匹配是用现场采集的指纹特征与指纹库中保存的指纹特征相比较，判断是否属于同一指纹。可以根据指纹的纹形进行粗匹配，进而利用指纹形态和细节特征进行精确匹配，给出两枚指纹的相似性得分。根据应用的不同，对指纹的相似性得分进行排序或给出是否为同一指纹的判决结果。

在极坐标下进行指纹图像的特征点匹配，具体的极坐标细节匹配算法步骤如图 3-21 所示。指纹特征匹配主要是基于细节特征值的匹配，通过对输入指纹细节特征值与存储的指纹细节特征值相比较，实现指纹识别，两者相比较时需要设立一个临界值，匹配时大于这个阈值，则指纹匹配；当匹配时小于阈值，则指纹不匹配。特征匹配是识别系统的关键环节，匹配算法的好坏直接影响识别的性能、速度和效率。

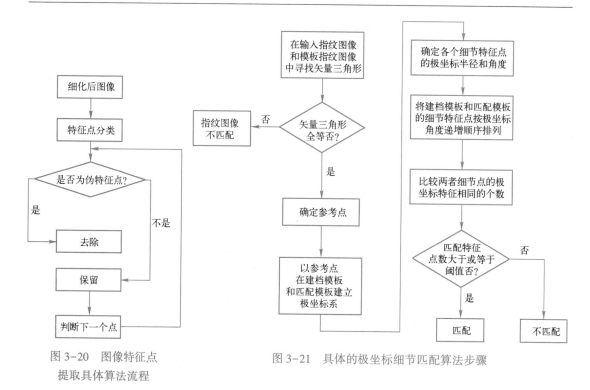

图 3-20　图像特征点
提取具体算法流程

图 3-21　具体的极坐标细节匹配算法步骤

3.4.3　主要应用

指纹识别是生物识别的应用起点，常常应用于锁具、考勤、门禁、计算机、手机、银行支付与保险柜等领域，同时也是目前最简便、最实用、应用最为成熟的识别方式。

在智能家居领域，目前指纹识别应用在智能指纹锁与指纹识别门禁系统，智能指纹锁将在 6.2.1 小节中介绍，下面主要介绍指纹识别门禁系统。

指纹识别门禁系统主要由指纹采集、指纹识别、总控制器、门闸驱动系统、红外检测、液晶显示等部分组成，系统组成框图如图 3-22 所示。

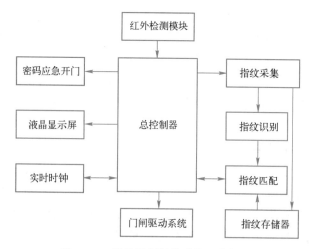

图 3-22　指纹识别门禁系统组成框图

红外检测模块对检测区域进行实时扫描，检测到人员进入检测区域后，发送信息至指纹采集单元进行指纹采集；指纹采集实际上就是指纹传感器；指纹识别模块主要处理接收到的指纹信息；指纹匹配将经过处理指纹信息与指纹存储单元内的样本指纹进行比对；比对成功，则由总控制器控制门闸驱动系统打开门闸；液晶显示屏用于显示开门记录、实时时钟等信息。

指纹识别门禁系统具有以下功能：

（1）指纹开门。用户将手指按到指纹传感器上，指纹识别模块提取指纹特征并与指纹存储器中的指纹进行比对，若指纹合法，门禁系统发出开门指令；若指纹不合法，门禁系统不发出开门指令，如图 3-23 所示。

图 3-23　指纹开门

（2）录入、删除指纹。录入指纹模板的功能是管理员将用户的指纹通过指纹传感器采集指纹的特征信息，将指纹特征值和对应的 ID 号存储到存储器中。当用户变更时，管理员能够将用户的指纹特征信息从存储器中删除。

（3）密码应急开门。当用户的手指出现异常情况（如手指被划伤），传感器无法采集到正确的指纹特征信息时，或者因电力不足而指纹识别模块无法正常工作时，可用密码来开门。为保证系统安全，密码开门只供管理员使用，管理员可以修改密码。为防止外来人员恶意试探密码，当连续三次输入密码错误时，系统禁止输入密码。等一小时后方可重新输入密码，而降低密码被破译的可能。

（4）浏览开门记录。当用户开门成功后，系统自动存储用户的 ID 号和开门时间（月份、星期、小时、分钟）等信息。如果出现盗窃、丢失等意外情况，管理员可以很方便地查询最近 6 次的开门记录。

（5）中文菜单和实时时钟显示。系统全部采用中文菜单显示，并能够设置和显示实时时钟，界面友好、直观、便于使用。

（6）电源自动切换。当交流供电停止时，自动切换到电池供电；交流电恢复后，自动切换到交流供电。

实训3 智能家居的语音控制

1. 实训目的

（1）了解语音识别技术在智能家居领域的应用。

（2）熟悉智能家居语音控制的基本原理。

2. 实训设备

任意一种语音控制智能家居的产品。

3. 实训步骤与内容

（1）认真阅读语音控制智能家居产品的使用说明书。

（2）分小组对所选产品进行拆卸。

（3）了解所拆卸后产品的电路结构及主要元器件。

（4）分析主要元器件的作用及工作原理。

（5）通过语音控制室内灯光或家用电器。

4. 实训报告

写出实训报告，包括所选产品的优缺点及改进措施。

思考题3

1. 人工智能的定义是什么？举例说明它有哪些应用？

2. 语音识别技术的基本原理是什么？它在智能家居方面有何应用？

3. 3D人脸识别技术的基本原理是什么？它在智能家居方面有何应用？

4. 指纹识别技术的基本原理是什么？它在智能家居方面有何应用？

第4章 无主灯智能照明

本章要点

- 了解无主灯智能照明的优缺点。
- 熟悉智能照明控制系统的组成。
- 熟悉无主灯常用的灯具。
- 掌握无主灯智能照明设计。

4.1 无主灯智能照明概述

4.1 无主灯智能照明概述

随着5G、AI、万物互联等技术的兴起，人们对家居生活品质的重视程度越来越高，照明从最初满足人的基本视觉——一盏主灯开全屋亮堂堂的要求，逐步发展到既要灯光舒适，又要满足人体健康、心理情感、视觉美感、使用便捷和品味独特等多层次需求的场景生态空间。

4.1.1 光与照明

1. 什么是光

光是人类视觉感知的可见光，它以电磁波的形式传播，波长为380~780 nm。可见光是自然光的一部分，自然界的光来自太阳光。科学家从太阳光的光谱中析出除人类肉眼可察觉的紫、蓝、青、绿、黄、橙、红可见光外，还有红外线、紫外线、X光等其他肉眼无法察觉的不可见光，如图4-1所示。

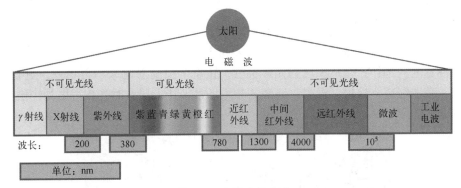

图4-1 太阳光的光谱

光是室内设计的灵魂，没有好的光环境一切都会黯然失色。正常人接受外界信息，80%的信息量是通过视觉感官而来，而空间的光环境为视觉感官接受信息创造了必要的条件，因此，营造优良的光环境有利于人们更好地获取外界信息。

优良的光环境，不仅在于它能产生强烈的视觉和审美观感，还在于它能根据人们的生活场景、光照需求、生理心理特征等，实现场景设置、情景照明、日光模拟、色温调节、智能光感、人体传感等多种方式控制，营造更舒适、更高效、更系统化的灯光照明环境。

2. 照明

照明是利用各种光源照亮工作和生活场所或个别物体的措施。利用太阳和天空光的称"天然采光"；利用人工光源的称"人工照明"。照明的首要目的是创造良好的可见度和舒适愉快的环境。

照明方式可分为：一般照明、重点照明、局部照明与装饰照明。其中一般照明也称为环境照明，指的是充满房间的非定向照明，为空间、房间中所有活动创造一个普遍充足的照明基础；重点照明，通常是强调空间的特定部件或陈设，如建筑要素、构架、衣橱、收藏品、装饰品及艺术品等；局部照明也称任务照明，指单独给就餐、写字工作、阅读、下棋、画画等活动场所提供充足的光线；装饰照明就是在空间中营造时尚简约的线条美，提高格调，彰显主人时尚极简气质。

3. 光健康

光健康是一种健康利用光源的理念，强调合理、适度、科学的照明，提倡建设节约、环保、有益于生产、美化生活的照明环境。特别是对于非自然光源，即人工照明的利用，如果不能科学合理，则会影响人类健康。

"光健康"强调的是一种更加科学的照明方式。人们对照明的要求主要有三点：一是功能性要求，即满足最基本的照明要求；二是装饰性要求，要求美观；三是生理健康和心理健康要求。而生理健康和心理健康要求，首先需要照明光谱均衡，因为人类的健康标准是在太阳光环境下形成的，所以越接近太阳光谱值越健康。其次人们需要在室内工作、学习、娱乐和睡眠休息等，创造避免蓝光危害、无限接近自然光的高显色指数、直视不刺眼的低眩光、不可察觉的频闪、照度均匀对满足人们室内生活的健康照明环境就有着重要的意义。

由此可见，家居高品质照明先要满足健康的标准，其次才是使用场所的功能性要求，包括装饰性要求及心理需求。

4.1.2 无主灯照明

无主灯照明是指室内空间不再依赖传统的吸顶灯、吊灯、落地灯等"主灯"照明，而是通过多个不同的光源，如射灯、格栅灯、泛光灯、吊线灯、筒射灯、线条灯等的组合搭配，达到视觉上的延伸，营造家居的光影氛围，让整个空间看起来不再单一，更有层次感，极具格调，营造舒适、愉悦、温馨、慵懒的光线场景，让人居家时光变得更为轻松美妙，如图4-2所示。

图4-2 无主灯照明示意图

无主灯照明打破了客厅、餐厅、卧室全部是单一的基础照明灯具（即主要灯具）的布局，让居家的光线层次变得更为丰富。该亮的地方很亮，该暗的地方要暗，该暖的地方要暖，该冷的地方要冷。

在无主灯照明中，客厅和餐厅不会安装大个头的吸顶灯或水晶花灯，而是把空间充分预留出来通过安装泛光灯来解决基础照明（负责把房子照亮），通过天花板四周的灯带来营造温馨、舒适氛围，通过格栅灯和轨道射灯来突出家居饰品物件的质感，提升家居艺术氛围和空间层次感。由此可见，无主灯不是一盏灯，而是由一组或若干灯具构成。

1. 无主灯照明的优点

无主灯照明有以下优点：

（1）满足个性需求。可根据用户需求将筒灯、射灯等安装在希望照亮的部位，以精准的方式突出重点照明物件，更细腻地呈现出符合个性需求的灯光氛围，满足各种生活情景，带来丰富的空间体验。

（2）节能省电安全。使用的是 LED 光源，工作电压低、功率小、效率高，相对传统220 V 电压的主灯而言安全性更高。

（3）呵护眼睛健康。采用防眩光、防刺激、无频闪、高显色、高光通量的灯具，提供健康舒适照明。

（4）光源显色性好。采用多个点光源照明空间，色彩饱和度高，能充分还原并展现物体颜色和细节，轻松营造出空间张力。

（5）空间视觉丰富。采用不同光源组合可让空间视觉得到延伸，营造舒适的家居氛围，还可以提高空间层次感。

（6）简洁匀称舒适。室内空间没有大吊灯、吸顶灯等主灯，可使整个空间显得干净利索；采用筒灯、导轨灯、灯带等分布式的照明，让空间照明更加均匀舒适。

2. 无主灯照明的缺点

无主灯照明的缺点如下：

（1）增加装修成本。虽然筒灯、射灯的价格会比吊灯或者吸顶灯造价略低，但是安装这种暗藏的筒灯、射灯、线形灯等要产生吊顶费用，成本就增加了。另外做吊顶就意味着要损失层高，很多家庭不愿意牺牲层高，选择局部吊顶的折中方式，缺点是看起来没有那么简洁。

（2）光源颜色容易混乱。使用一定数量的筒灯、射灯和灯带来作为照明设备，色温主要选择暖白或者暖黄即可。其他色温不太适合家居使用，以防破坏整体氛围感。另外如果只靠筒灯、射灯和壁灯的照射，很可能会造成视觉眩晕的情况。

4.1.3　智能照明

谈及智能照明，就离不开智能家居。智能照明在智能家居中占有重要位置。在万物互联的时代背景下，云计算、大数据、人工智能、物联网等前沿技术让智能照明进入了飞速发展时期。

4.1.3　智慧照明

早期智能照明大部分都停留在照明控制的阶段，即通过手机 App 等控制器对灯具进行控制，一般认为这是智能照明的 1.0 时代。随着 5G、AI、IoT、云计算、大数据等技术已基本成熟，给早期的智能照明带来技术上的创新，全面推动智能照明进入 2.0 时代。

智能照明 2.0 时代是让用户无法感知灯的存在，并且自然而然地为用户提供更为便利的生活条件和方式。它不单单是用 App 去控制照明，还可通过智能系统的光感器自动对环境进行识别、主动感应调光、自适应调节亮度与色温，做到多场景真智能体验，为当代家居无主灯照明增添丰富的场景效果。

智能照明 2.0 时代聚焦在"智慧光与健康光"的应用，满足人在不同空间、不同时间从事不同活动时所需要的"智慧光与健康光"，实现"互联网+智能照明+健康照明"的创新照明新时代，让灯光懂你更懂生活，体现在以下几个方面。

1. 懂人动

对于行动不便的居家老人，傍晚进出和晚上起夜每天重复性的伸手触摸开关，不但不好操作而且摸黑磕碰风险极高，采用人体存在感应照明，智能分析人的空间行为和需求动因，便能实现人灯交互，做到人来灯亮，人离灯熄。

2. 懂健康

在疫情大环境下，每次回到家里，玄关灯对家人进行紫外线杀菌，可杀灭包括细菌繁殖体、病毒、真菌、衣原体等，轻松消除病毒污染的物体表面，抵抗细菌和病毒的威胁。除此以外室内环境灯也可承载驱蚊虫、香薰除味、负离子空气净化等功效，在家离家自动识别，全方位呵护家人的健康安全。

3. 懂规律

智能生态照明可自动模拟阳光在不同地区、不同季节每天阳光的色温和亮度的变化，符合人体自然的用光需求，有利于调节人体生物钟，促进身心健康。

4. 懂品位

灯光本身就是整体装修风格的一部分，十分装修七分灯光，根据空间不同需求以点、线、面结合的方式，不满足于千篇一律的装修格调，用灯光与高档装修弥漫糅合，温暖着满屋的冷暖色彩，处处散发着主人高雅品位的情怀，在日常待客更有仪式感并添加新意。

5. 懂情调

年轻人讲究情调，室内氛围灯可营造浪漫、夜色、多彩、温馨等多种模式，光色控制于智能手机 App 上。

智能照明 2.0 时代的控制方式有按键、触屏、语音和智能手机 App 等交互方式进行操控，简单便捷，全家人都能轻易掌握。其中传统按键开关家里小孩与老人都能用，不用担心家人学不会；触屏控灯，增加室内空间的百变氛围感，切换自如；声控感应，做到一声语音秒开灯，无须多说一个字；远程控制，出门忘记关灯，手机 App 一键关灯。

智能照明的操控在全屋智能家居中往往是通过场景联动来实现，同时还可操控其他智能家电设备。

4.1.4 智能照明控制系统组成

智能照明控制系统是智能照明的一个重要组成部分，该系统是根据家居不同区域的功能、每天不同的时间、室内光亮度或该区域的用途来自动控制照明。智能照明控制系统应用在全屋智能家居中，不仅能营造出舒适的生活学习与居家办公环境，还能减少照明系统的维护成本，节约能源。

4.1.4 智能照明控制系统组成

　　智能照明控制系统由输入单元、输出驱动、系统单元和智能网关 4 部分组成，如图 4-3 所示。

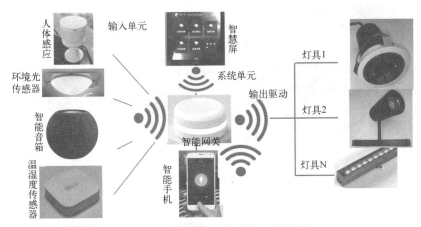

图 4-3　智能照明控制系统组成框图

1. 输入单元

输入单元主要包括输入控制开关（场景开关）、液晶显示触摸屏及智能传感器等，它们采集室内光照及环境等参数，或是控制信号并转变为网络传输信号，通过无线或系统总线上传到家庭控制中心设备。

2. 输出驱动

输出单元包括智能继电器、智能调光模块等，它们接收家庭控制中心设备发出的相关指令，并按照指令对各种灯具做出相应的控制动作，如开关灯、调光、调色温等。

3. 系统单元

系统单元包括系统电源、系统时钟、网络通信线，为系统提供弱电电源和控制信号载波，维持系统正常工作。

4. 智能网关

智能网关接收输入单元的信息，然后经过处理发出相应的指令送到输出驱动单元，全屋智能家居均有一台智能网关或智能控制中心设备，参看 6、7、8 章相关内容。

4.2　无主灯常用的灯具

4.2　无主灯常用的灯具

4.2.1　筒灯

筒灯是因为其形状似桶一样而得名，欧瑞博、西铁的筒灯外形如图 4-4 所示。按安装方式不同分为嵌入式筒灯与明装筒灯，嵌入式筒灯的底部都是用吊顶隐藏起来，只露出小小的一个光点，如图 4-5 所示，明装筒灯如图 4-6 所示。筒灯应用的场合较为广泛，一般用于普通照明或辅助照明，可代替主灯在一定空间内形成泛光，均匀照亮整个空间，光线柔和舒适。

a)   b)

图 4-4 筒灯

a）欧瑞博筒灯 b）西铁筒灯

图 4-5 安装嵌入式筒灯的吊顶

图 4-6 明装筒灯的吊顶

4.2.2 射灯

射灯是一种高度聚光的灯具，属于典型的无主灯。它的光线柔和，可直接照射在特定的器物上，以突出主观审美作用，达到重点突出、环境独特、层次丰富、气氛浓郁、缤纷多彩的艺术效果，主要是用于特殊的照明，如图 4-7 所示。

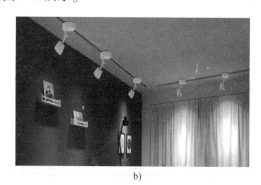

a)   b)

图 4-7 射灯与应用

a）射灯 b）射灯的应用

射灯一般分为下照射灯与轨道射灯，下照射灯的特点是光源自上而下做局部照射和自由散射，光源被合拢在灯罩内，其造型有管式、套筒式、花盆式、凹形槽式及下照壁灯式等，可分别装于门廊、客厅、卧室等；轨道射灯所投射的光束，可集中于一幅画、一座雕塑、一盆花、一件精品摆设等，也可以照在居室主人坐的转椅后背，创造出丰富多彩、神韵奇异的光影效果。可用于客厅、门廊或卧室、书房。欧瑞博的轨道射灯外形如图 4-8 所示。

图 4-8　欧瑞博的轨道射灯

4.2.3　氛围灯

氛围灯又称为 LED 氛围灯，是 LED 灯中一种为家居艺术照明的灯具，为人们居家生活创造需求的氛围。人们可以根据自身的照明需要（如颜色、温度、亮度和方向等）来设定自己喜欢的起居、入睡、唤醒、就餐、聚会等多种场景的照明效果，还可根据各自要求或场景情况，在不同的空间和时间选择并控制光的亮度、灰度、颜色的变化。蓝牙音箱氛围灯如图 4-9 所示。

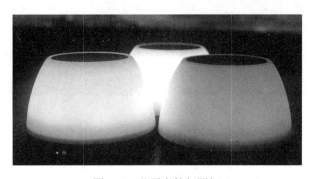

图 4-9　蓝牙音箱氛围灯

还有一款落日氛围灯能把夕阳请回家里，在墙壁、地板、天花板上投射出一轮气势磅礴的落日。其实，它并非传统意义上的灯具，而是通过独特的彩色投影技术，利用双色向滤光器分离白色光源的频率，实现色彩的渐变，再将其转化为光晕投射到墙上，如图 4-10所示。

图 4-10 落日氛围灯

4.2.4 线形灯与灯带

线形灯顾名思义就是外形看起来好似一条直线，灯具外壳采用铝合金的 LED 灯，又称 LED 线条灯。灯带是指把 LED 组装在带状的 FPC 柔性线路板或 PCB 硬板上，因其产品形状像一条带子一样而得名，灯带也是一种线形灯，如图 4-11 和图 4-12 所示。

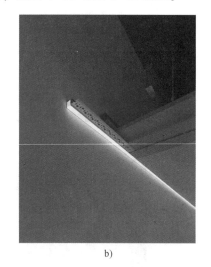

a)   b)

图 4-11　线形灯
a) 未通电　b) 通电状态

线形灯与灯带，是一种高端的柔性装饰灯，可以在墙面或者吊顶安装的灯具，光源定向柔和，耗电功率低，节能环保，使用寿命长。它可以作为光线补充，与主光源一起使用。同时线形灯易弯曲，免维护，特别适合家居装修使用。

线形灯与灯带可以满足定制的需求，角度曲线都可以设计，简单易操作，方便打造不平凡的家居，尽最大可能满足客户的个性化定制需求。

线形灯与灯带最常见的应用，就是隐藏在吊顶或者墙板里，散发出柔和的光，营造出亲切、温馨和友好的氛围，不仅可以提升家居美感，还让整个空间的立体感变得更强，如图 4-13 所示。

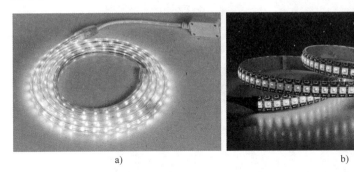

图 4-12　灯带
a）白色灯带　b）彩色灯带

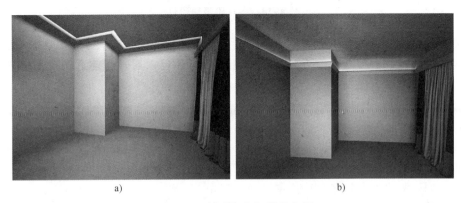

图 4-13　线形灯与灯带的应用

4.2.5　磁吸轨道灯

磁吸轨道灯顾名思义就是由磁吸轨道、磁吸灯和电源（也叫驱动变压器）3 部分构成，磁吸轨道条一般有嵌入式磁吸轨道条、预埋式磁吸轨道条、明装式磁吸轨道条等多种，能通过嵌入式、预埋式、明装式、置入式、吊装式等安装方式来实现。如果家中没有安装吊顶，可选择明装式或吊装式。

磁吸灯同样有多种类型可选，包括磁吸筒灯、射灯、格栅灯、泛光灯、吊线灯等，还可随意自行搭配使用。灯具的样式决定光源的效果不同，适用于多种不同的场景需求，如图 4-14 所示。

其中磁吸泛光灯是一种以大发光角度定向发光的面光源，它的照射方式有两种，一种可以上下调整发光面，一种是定向发光下照式。在场景中表现为一个正八面体的图示。泛光灯是在效果图制作当中应用最广泛的一种光源，标准泛光灯用来照亮整个场景；磁吸格栅灯是在灯具的背面反光罩上增加了格栅，让光照不再过于集中，也让更多的光向下照射，使得光源更加柔和。磁吸格栅灯的好处是空气流通好、视觉效果好、便于检修与更换。

磁吸轨道灯的优势在于可根据需要随时调整灯具的类型与数量，自由移动灯具位置和调节照射角度；另外由于是通过磁力依附在轨道上，让安装更灵活、拆卸更方便，对于日常的维护和保养也更便利。

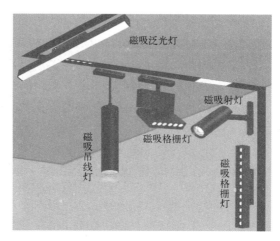

图 4-14 各种磁吸轨道灯

智能磁吸轨道灯在综合以上优势的基础上，又多了智能控制的优势。在日常生活中，用户除了能通过遥控、面板开关等方式实现灯光调节，还可以通过智能音箱、手机 App 等智能化方式，轻松调节色温与亮度，让家居光照氛围随心而变。

4.2.6 智能天窗灯

智能天窗灯简称为天窗灯，又称晴空灯，是一种模拟晴空白云的灯，或者说是一种看上去像是蓝天，照射下来的光线却像是阳光的灯，或者说它就是一个"人造太阳灯"，能营造蓝天白云、明媚阳光的自然景象，让家里洒满阳光。

阳光是调节人体生物钟及内分泌的必要因素，对失眠、抑郁症、阿尔茨海默症都有显著的改善作用。阳光作为自然元素的一种，满足人内心亲近自然的基本心理需求，缓解紧张、压抑情绪，获得温暖、安全感。天窗灯可在室内营造阳光，把阳光带回家，如图 4-15 所示。

 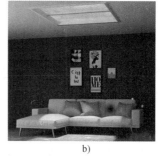

a) b)

图 4-15 天窗灯与应用

a）安装在卫生间 b）安装在客厅

舍见天窗灯还可以根据每天的时间自动模拟阳光变化，从日升到日落，仿照真实的阳光规律，这样一来就不用担心自己的生物钟不规律了，如图 4-16 所示。舍见天窗灯色温的参数是 2500~10000 K，显色指数全光谱，调光范围 1%~100%。

图 4-16　舍见天窗灯阳光变化效果图

天窗灯原理就是利用反光板模拟瑞利散射。所谓瑞利散射是一种光学现象，因光具有波粒二象性，当带电粒子的直径远小于入射波的波长的 1/10 时（1~300 nm），此时散射光线的强度与入射光线波长的四次方成反比，也就是说，波长越短，散射越强。

由于瑞利散射的强度与波长四次方成反比，所以太阳光谱中波长较短的蓝紫光比波长较长的红光散射更明显，而短波中又以蓝光能量最大，所以在雨过天晴或秋高气爽时（空中较粗微粒比较少，以瑞利散射为主），在大气分子的强烈散射作用下，蓝色光被散射至弥漫天空，天空即呈现美丽的蔚蓝色。瑞利散射示意图如图 4-17 所示。天窗灯模仿蓝天正是模仿雨过天晴之后的蓝天和阳光，光源色温是 6800 K，而易来品牌的晴空灯的光源色温是 7000 K。

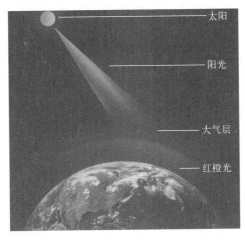

图 4-17　瑞利散射示意图

4.2.7　智能感应灯

智能感应灯是一种通过传感器模块自动控制光源点亮的一种新型照明产品。从光源材料上，选用 LED 作为间歇性照明光源，具有开关寿命长、反应速度快、光效高、体积小、易于控制的特点。

传感器模块又称感应探头，当人不离开且在活动时，灯内开关持续导通；人离开后，开关延时自动关闭负载，做到人到灯亮，人离灯熄，亲切方便，安全节能。

根据传感器的不同，智能感应灯有 4 类：声光控感应灯、人体红外线感应灯、微波雷达感应灯和太阳能感应灯。

其中声光控感应灯是由声音控制传感器与光敏传感器等组成，根据天亮、天暗（日出、日落）时照度变化以及有无声音来控制电路自动开关；人体红外线感应灯内置红外线人体传感器，靠探测人体发射的红外线而工作；微波雷达感应灯是利用多普勒原理，微波感应模块发射高频电磁波（5.8 GHz）并接收回波，探测回波内的变化并探测范围内微小的移动，然后微处理器触发点亮灯；太阳能感应灯是利用太阳能板给可充电池充电，在光照充足时，太阳能板在光照下，产生电流电压，给电池充电，晚上通过智能红外线和光控开关控制电池输出电能给负载。人体红外感应灯可感应 4~6 m、120°范围的人体，人离开感应区 15 s 后则会自动熄灭，可安装在橱柜、衣橱、柜子、床底、走廊等位置。人体红外感应灯如图 4-18 所示。

指示灯
防眩出光孔
红外感应头

a)　　　　　　　　　　b)

图 4-18　人体红外感应灯

a）人体红外感应射灯　b）欧瑞博人体红外感应灯

4.3　无主灯智能照明设计

4.3.1　设计依据

无主灯智能照明设计的依据主要包括甲方提供的设计要求、设计资料（包含方案文件及图纸文件等）、物业主方及机电方提供的控制要求、国家现行的有关规范及标准（建筑照明设计标准与建筑电气设计规范），本书主要介绍国家现行的有关规范及标准。

1. 民用建筑电气设计标准 GB 51348—2019

GB 51348—2019《民用建筑电气设计标准》自 2020 年 8 月 1 日起实施，该标准的主要技术内容是：①总则；②术语和缩略语；③供配电系统；④变电所；⑤继电保护、自动装置及电气测量；⑥自备电源；⑦低压配电；⑧配电线路布线系统；⑨常用设备电气装置；⑩电气照明；⑪民用建筑物防雷；⑫电气装置接地和特殊场所的电气安全防护；⑬建筑电气防火；⑭安全技术防范系统；⑮有线电视和卫星电视接收系统；⑯公共广播与厅堂扩声系统；⑰呼叫信号和信息发布系统；⑱建筑设备监控系统；⑲信息网络系统；⑳通信网络系统；

㉑综合布线系统；㉒电磁兼容与电磁环境卫生；㉓智能化系统机房；㉔建筑电气节能；㉕建筑电气绿色设计；㉖弱电线路布线系统。

2. 建筑照明设计标准 GB 50034—2013

GB 50034—2013《建筑照明设计标准》自 2014 年 6 月 1 日起实施，该标准共分 7 章 2 个附录，主要内容包括：总则、术语、基本规定、照明数量和质量、照明标准值、照明节能、照明配电及控制等。

该标准修订的主要技术内容是：修改了原标准规定的照明功率密度限值；补充了图书馆、博览会、会展、交通、金融等公共建筑的照明功率密度限值；更严格地限制了白炽灯的使用范围；增加了 LED 灯应用于室内照明的技术要求；补充了科技馆、美术馆、金融建筑、宿舍、老年住宅、公寓等场所的照明标准值；补充和完善了照明节能的控制技术要求；补充和完善了眩光评价的方法和范围；对公共建筑的名称进行了规范统一。

该标准中以黑体字标志的条文为强制性条文，必须严格执行。其中对住宅建筑照明的房间照度标准值与高度进行了明确规定，见表 4-1。

该标准中规定当选用 LED 光源时，长期工作或停留的房间或场所，色温不宜高于 4000 K。

表 4-1　住宅建筑照明标准值

房间或场所		参考平面及其高度	照度标准值/lx	R_a
起居室	一般活动	0.75 m 水平面	100	90
	书写、阅读		300 *	
卧室	一般活动	0.75 m 水平面	75	90
	床头、阅读		150 *	
餐厅		0.75 m 餐桌面	150	90
厨房	一般活动	0.75 m 水平面	100	90
	操作台	0.75 m 台面	150 *	
卫生间		0.75 m 水平面	100	80
电梯前厅		地面	75	70
走道、楼梯间		地面	50	70
车库		地面	30	70

注：＊指混合照明照度。

3. 住宅建筑电气设计规范 JGJ 242—2011

JGJ 242—2011《住宅建筑电气设计规范》是行业标准，于 2012 年 4 月 1 日施行。该规范的相关内容摘录如下：

（1）住宅户内配电箱位置的选择。箱底距离地面不低于 1.6 m，为了避免儿童的误触碰；放在一进门的地方，方便后期维护的时候，维修人员无须进入房间太深，就可对配电箱做对应的操作。如果放在卧室里面，后期维修人员进入卧室进行操作，很不方便。

（2）配电线路。住宅建筑套内配电线路布线可采用金属导管或塑料导管。暗敷的金属导管管壁厚度不应小于1.5mm，暗敷的塑料导管管壁厚度不应小于2.0mm；潮湿地区的住宅建筑及住宅建筑内的潮湿场所，配电线路布线宜采用管壁厚度不小于2.0mm的塑料导管或金属导管。明敷的金属导管应做防腐、防潮处理。

（3）电气照明。住宅建筑的照明应选用节能光源、节能附件，灯具应选用绿色环保材料；住宅建筑电气照明的设计应符合现行标准GB 50034-2013《建筑照明设计标准》、JGJ 242-2011《民用建筑电气设计规范》的有关规定，见表4-2。

表4-2 住宅建筑每户照明功率密度限值

房间或场所	照度标准值/lx	照明功率密度限值/（W/m²）	
		现 行 值	目 标 值
起居室	100	≤6.0	≤5.0
卧室	75		
餐厅	150		
厨房	100		
卫生间	100		
职工宿舍	100	≤4.0	≤3.5
车库	30	≤2.0	1

4. 国家强制性灯具安全标准 GB 7000.1—2015

随着LED技术的持续发展，很多LED产品逐渐占据了传统光源产品的市场。我国现行的灯具国家通用标准GB 7000.1—2015，增加了许多适应LED灯具的要求，这对我国LED灯具产品的认证检测、国际互认起到了很大的作用。

GB 7000.1—2015版标准于2015年12月31日发布，于2017年1月1日正式实施。

GB 7000.1—2015版与2007版相比，基本上每一个章节都有差异。其中重要的一项增加了对蓝光危害的要求，例如：对带有整体式LED或LED模块的灯具应根据IEC/TR 62778进行蓝光危害评估；对于儿童用可移式灯具和小夜灯，在200mm距离处测得的蓝光危害等级不得超过RG1；对于可移式灯具和手提灯，如果在200mm距离处测得的蓝光危害等级超过RG1，则需要在灯具外部醒目位置标注"不要盯着光源看"的符号；对于固定式灯具，如果在200mm距离处测得的蓝光危害等级超过RG1，则需要通过试验确定灯具刚好处在RG1时的临界距离。

蓝光危害，最近一直是人们关注的热点问题。根据标准IEC 62471，蓝光危害主要是指300~700nm的光辐射所引起的光化学反应，从而导致视网膜损伤的危害。由于LED产品中蓝光成分较为丰富，而且裸露的LED光源亮度往往很高，因此LED灯具可能存在蓝光危害的风险隐患。

4.3.2 基础知识

1. 有关概念

（1）亮度。亮度是指发光体光强与光源面积之比，定义为该光源单位的亮度，即单位投影面积上的发光强度。亮度的单位是坎德拉/平方米（cd/m²）。通俗地说，亮度是人在看到光源时，眼睛对光的强度的感受。

（2）光通量。光通量指人眼所能感觉到的辐射功率，它等于单位时间内某一波段的辐射能量和该波段的相对视见率的乘积，单位为流明（lm）。由于人眼对不同波长光的相对视见率不同，所以不同波长的辐射功率相等时，其光通量并不相等。

（3）光照度。光照度是一种物理术语，指单位面积上所接收可见光的光通量，简称照度，单位是勒克斯（Lux 或 lx），用于指示光照的强弱和物体表面积被照明程度的量。光源的亮度、光通量、照度示图如图 4-19 所示。

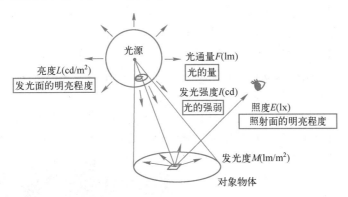

图 4-19　光源的亮度、光通量、照度示图

（4）眩光。眩光是指由于视野中的亮度分布或亮度范围的不适宜，或存在极端的对比，以致引起不舒适感觉或降低观察细部或目标的能力的视觉现象。简单地说，眩光就是会刺眼的光线，或让人感觉到不舒服的光线。

从照明设计角度来讲，眩光从产生的方式上可以分为直射眩光和反射眩光。直射眩光是由视野内没有被充分遮蔽的高亮度光源所产生的眩光，反射眩光是由视野中的光泽表面反射所产生的眩光。

（5）绿色照明。绿色照明是指节约能源、保护环境，有益于提高人们生产、工作、学习效率和生活质量，保护身心健康的照明。

2. 灯具参数

（1）输入电压（V）。输入电压是指灯具正常工作的电压，分交流（AC）50 Hz、220 V与直流（DC）24 V、12 V、9 V、6 V 等。

（2）功率（W）。灯具的标称功率，含驱动电源功率，是指灯光在单位时间内所做的功的多少，即功率是描述做功快慢的物理量。如家用嵌入式射灯功率为 5~8 W，明装射灯、轨道灯 8~10 W。

（3）光效（lm/W）。光效是指光源发出的光通量除以光源所消耗的功率。它是衡量光源节能的重要指标。LED 灯具高效节能、低压驱动、超低功耗（单管 0.05 W），发光功率转换超过 98%，比传统节能照明灯具节能 60%~80% 以上。

（4）色温（K）。色温是表示光线中包含颜色成分的一个计量单位。色温通常用开尔文温度（K）来表示。无论是在大自然中，还是在家居环境中，不同的色温带给我们不同的心理感受。低色温的光偏黄色，高色温的光偏蓝色。因为黄色是暖色调，所以色温较低的光，应称为"较暖的光"。同样的道理，蓝色属于冷色调，所以高色温的光应该称为"较冷的光"。

一般来说，暖光可以刺激人体分泌褪黑素，使人心境平和，更易进入到休息状态。白光会抑制人体褪黑素的分泌，使人精神振奋，更易保持比较有活力的工作状态。

（5）显色性。显色性是指光源还原物体颜色的能力，光谱越全的光源，显色性就越好，照出的物体就越接近真实的颜色。它以0~100的范围内显色指数（CRI）来表达。太阳光的显色指数定义为100，白炽灯的显色指数非常接近日光，认为是98，被视为理想的基准光源。显色性在90以上就算得上是高品质灯具，能发出犹如清晨阳光般柔和舒适的亮光，减少视觉疲劳，能让视野更清晰，影像更立体。

显色指数有15种颜色，15种颜色名称：R1为淡灰红色；R2为暗灰黄色；R3为饱和黄绿色；R4为中等黄绿色；R5为淡蓝绿色；R6为淡蓝色；R7为淡紫蓝色；R8为淡红紫色；R9为饱和红色；R10为饱和黄色；R11为饱和绿色；R12为饱和蓝色；R13为白种人肤色；R14为树叶绿；R15为黄种人肤色。国际照明委员会（CIE）规定的第1~8种标准颜色样品显色指数的平均值，记为Ra，表征此光源显色性。

规定Ra值的三个范围值，显色指数Ra值大于75的光源为优质显色光源，越接近100，显色性越好；Ra值在50~75之间的光源，显色性一般；Ra值小于50的光源，显色性差。

（5）光束角。光束角是指垂直光束中心线的任意平面上，光强度等于50%最大光强度的两个方向之间的夹角。光束角越大，中心光强越小，光斑越大。一般而言，窄光束是指光束角小于20°；中等光束为光束角20°~40°，宽光束则为光束角大于40°。不同大小的光束角灯具可以发散出不同的灯光效果。灯具不同光束角示意图如图4-20所示。

图4-20 灯具不同光束角示意图

（6）防护等级（IP）。防护等级系统是由国际电工技术委员会（IEC）起草，将电器以其防尘防湿气之特性加以分级。IP防护等级是由两个数字所组成，第1个数字表示电器防尘、防止外物侵入的等级（这里所指的外物含工具、人的手指等，均不可接触到电器之内带电部分，以免触电），第2个数字表示电器防湿气、防水浸入的密闭程度，数字越大表示其防护等级越高。比如IP65中6是防尘等级，5是防水等级。防尘等级1是防止大于50mm的物体侵入，2是防止大于12mm的物体侵入，3是防止大于2.5mm的物体侵入，4是防止大于1.0mm的物体侵入，5是灰尘可以侵入，但不会影响到灯具的正常运作，6是最高防尘等级，表示完全防止灰尘侵入。防水等级1表示水滴滴到外壳上无影响；2表示当外壳倾斜到15°时，水滴滴到外壳上无影响；3表示水或雨水从60°落到外壳上无影响；4表示液体由任何方向泼到外壳上没有伤害影响；5表示用水冲洗无任何伤害；6表示可用于船舱内的环境；7表示短时间内耐浸水；8表示在一定压力下长时间浸水无影响。如灯具标示为IP65，表示该产品可以完全防止粉尘进入及可用水冲洗无任何伤害。

3. LED光源

照明的光源分为白炽灯、日光灯、节能灯、高压汞灯、金属卤化物灯、高压钠灯、无极灯和LED灯。其中LED灯按用途不同又分LED日光灯、LED软管灯带、LED壁灯、LED吸顶灯、LED吊灯、LED射灯、LED筒灯、LED泛光灯、LED球泡灯、LED草坪灯、LED路灯和 LED 变色灯等。

LED 灯按制作工艺不同可分 SMD 光源与 COB 光源。

SMD 光源就是表面贴装 LED 的意思，SMD 贴片有助于生产效率提高，以及不同设施应用。是一种固态的半导体器件，它可以直接把电转化为光。它的电压为 1.9~3.2 V，如图 4-21 所示。

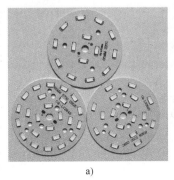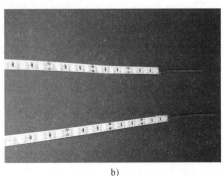

a)　　　　　　　　　　　　　　　　b)

图 4-21　LED SMD 光源

a) 筒灯光源模组　b) 灯带

COB 光源是指芯片直接在整个基板上进行绑定封装，即在里基板上把多个芯片集成在一起进行封装。主要用来解决小功率芯片制造大功率 LED 灯的问题，可以分散芯片散热，提高光效，同时改善 LED 灯的眩光效应。COB 光通量密度高，眩光少，光柔和，发出来的是一个均匀分布的光面。西铁照明的 COB 光源 LED 射灯如图 4-22 所示。

图 4-22　LED COB 光源射灯

4. RGB 三基色

RGB 三基色是指红、绿、蓝三种基本颜色，因为人眼对 RGB 三色最为敏感，大多数的颜色可以通过 RGB 三色按照不同的比例合成产生。同样绝大多数单色光也可以分解成 RGB 三种色光。这是色度学的最基本原理，即三基色原理。RGB 三基色按照不同的比例相加合成混色称为相加混色，除了相加混色法之外还有相减混色法。可根据需要相加相减调配颜色。

例如 LED 变色灯或 LED 线条灯利用红、绿、蓝三基色原理，在计算机技术控制下使三种颜色具有 256 级灰度并任意混合，即可产生 256×256×256 = 16 777 216 种颜色，形成不同光色的组合，变化多端，实现丰富多彩的动态变化效果及各种图像。

RGB 线条灯使用五芯线连接，由模块 DMX512 来控制。电源线一，颜色为棕色，代表电源的正极；电源线二，颜色为蓝色，代表电源的负极；信号线 A，颜色为白色或者红色，差分信号线；信号线 B，颜色为绿色，差分信号线；地址码线，颜色为黑色，用于写码，如图 4-23 所示。

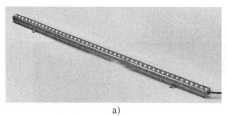 

a) b)

图 4-23 RGB 线条灯

a）灯具 b）五芯线与连接头

LED 变色灯或 LED 线条灯适用于家庭生日派对、节日聚会、过节过年，给节日添加欢乐气氛；也可用于娱乐场所及广告灯等。

4.3.3 基本要求

4.3.3 基本要求

无主灯智能照明设计的基本要求是：光线均匀、照明无死角、营造不同的空间氛围，让房间感觉舒适、温馨、放松和安全。

不同的空间应有不同的设计方式。

1. 玄关

玄关作为室内外的一个缓冲区，在灯光上可以选择筒灯、射灯、灯带，在鞋柜的开放式格子里可以做感应式灯带，给晚归的人提供一个方便的照明，如图 4-24 所示。

2. 客厅

客厅是会客和家人聊天的主区域，要求灯光明亮温馨，通常以中性光为主，色温在 4000~4500 K。可使用间接照明，将 LED 磁吸泛光灯、格栅灯、射灯、筒灯、灯带、落地灯、台灯等进行组合，从而共同渲染出一个柔和、明亮、温馨有层次的客厅。配套的物件有磁吸轨道条、水平转角、内置电源等，如图 4-25 所示。

图 4-24 玄关照明   图 4-25 客厅照明

3. 卧室

卧室是休息放松的地方，灯光要满足温馨私密的特点，不宜过亮，能够营造出放松的气氛，选暖色为宜，色温控制在 2700～3000 K。可选用筒灯或低功率、低照度灯带来满足基本的照明需求，再配合一些台灯，小夜灯、落地灯或氛围灯，让整个空间的光环境更有层次，如图 4-26 所示。

一般卧室照明分 2～3 种层次就够了，一种为睡前照明，也就是主要照明；另一种就是夜间照明，也就是起夜时候开的小灯；最后一种就是看书专用灯，或者是化妆时候的专用灯。

4. 餐厅

餐厅的照明，要求色调柔和、宁静，还要有足够的亮度，使家人能够清楚地看到食物，吃饭和交谈轻松自如。餐厅的灯光需要在餐桌上方做重点照明，且光线要柔和温馨，一般宜用装饰小型吊灯悬挂在餐桌上方（注意不是餐厅吊顶中间，设计时应先确认好餐桌的位置）作为主要照明，再搭配一些射灯点光源做辅助照明，让餐桌就餐时增加食欲。中餐色温值为3000～4000 K，烘焙食品为 2800～3000 K，如图 4-27 所示。

图 4-26　卧室照明

图 4-27　餐厅照明

5. 厨房

厨房照明既要实用又要美观、明亮、清新，以给人整洁之感。厨房灯光需要分成两个层次：一个是整个厨房的基本照明，另一个是对洗涤、备餐、操作区域的重点照明，厨房一般由磁吸泛光灯、磁吸格栅灯、感应灯组成柔和光线为主，在橱柜或佐料柜下面加设感应灯，切菜时台面可以立刻变得光亮，如图 4-28 所示。

6. 卫生间

白天，卫生间应整洁、清新、明亮；晚上，则需要轻松、闲静和亲密。由于卫生间是水与电共存的特殊场所，最好选用防潮灯具。卫生间的淋浴、坐厕等功能区域，照明

图 4-28　厨房照明

应以柔和的光线为主。照度要求不高，但光线需均匀，如图 4-29 所示。

图 4-29　卫生间照明

4.3.4　基本步骤

4.3.4　基本步骤

设计无主灯智能照明的基本步骤如下：

1. 了解用户的需求

由于用户的文化程度、人口数量、年龄结构、个人喜好的不同，对无主灯智能照明的需求也不尽相同，例如，用户对于玄关、客厅、卧室、走廊、厨房不同的功能空间，有什么特别需求；对于整个空间的氛围及风格，有什么诉求；整体预算费用为多少等。在设计中要能清晰地表达用户的诉求信息，让无主灯智能照明的实现事半功倍。

2. 定制全屋智能灯光场景

无主灯智能照明可根据用户的家庭环境、生活习惯、家庭结构，定制最适合的个性化方案，依靠全宅物联网智能设备互联技术，可定制不同的回家模式、离家模式、休息模式、影院模式、睡眠模式、起床模式等场景，并可根据实际场景需求随时调整灯光的亮度与色温，还可以通过灯具与智能家居场景联动，实现开门即开灯、一键全开全关等智能场景，得到舒适、便捷的生活照明体验。

3. 规划色温

居家使用灯光的色温一般在 2500～5000 K，分暖黄光、暖白光、正白光三种。色温值越低，灯光越暖，色温值越高，灯光越冷。最常用的是暖白光 3000～4000 K。这个区间更接近自然光，不会太黄或者太白。不同色温的灯光效果如图 4-30 所示。

暖黄光适合用在房间，如客厅墙面是白色建议筒灯用暖色，暖色光照白色墙面，视觉会比较温和，作为辅助照明比较好。卧室是以休息为主，建议色温控制在 3000 K 左右。

暖白光与白炽灯光色相近，色温在 4000 K 左右，给人以温暖、健康、舒适的感觉，适用于卧室或者比较冷的地方。

正白光 6000 K 左右，又称冷白光，灯光全白，略带蓝色，色偏冷色，有明亮的感觉，使人精力集中。适用于家居厨房或办公场所等。

4. 确定灯位

无主灯智能照明设计更多讲究的是灯位，根据不同的照明需求选择灯位的离墙距离，离墙太近会有曝光的光斑出现，太远又体现不出局部照明效果；而且还需要根据灯位离地高度选择功率，功率过大，亮度太强，会导致地面瓷砖有过亮的反光，影响视觉效果。

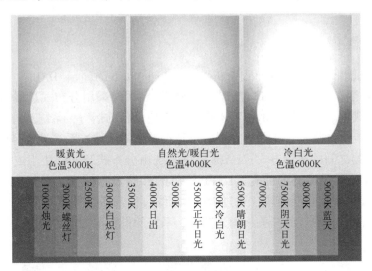

图 4-30　不同色温的灯光效果

一般明装射灯和嵌入式射灯建议的离墙距离是 20~40 cm，轨道灯建议离墙距离 45 cm 左右，另外关于嵌入式射灯也需要设计好射灯开孔距离。

灯与灯之间的距离要根据现场和每个户型的情况来综合分析，首先确定两端射灯的位置再来分配中间射灯的距离，一般射灯的间距在 80~200 cm。

5. 选好灯具

灯具的选择主要包括确定灯具类型、功率、色温与显示指数。

（1）灯具类型选择。室内无主灯照明主要有筒灯、射灯、磁吸轨道灯和线形灯。

挑灯的重点如下。

① 多种灯具色温搭配，不要只选择单一的一两种灯或者都用同一种色温，可以组合出不同生活场景下需要的灯光搭配。

② 一定要选极窄边框，除灯源部分外露出的部分越少才越简洁越好看。

③ 一定要选防眩光，抬头不刺眼，见光不见灯才是精髓。显示指数一定大于 90，显示指数越高，对色彩还原度高，颜色才能真实。

根据房间的大小来计算，如果以单一的灯源来计算的话，可以参考以下参数。

客厅：$1 m^2$ 大约需要 1.7 W，例如客厅 $15 m^2$，则需要 25 W 左右的光源来照明，其他房间也可以参照这个指数。

厨房吊柜下的灯：如果是灯带或灯管，那么 1 m 用大约 5 W 的功率就够了。

卧室：相比其他房间，卧室的亮度要求较低，$1 m^2$ 配 1 W 就可以了，如果经常在床上玩手机看书，再加一盏 5 W 的床头灯。

卫生间：$1 m^2$ 大约需要 1.7 W，注意要选择防水防潮的。

（2）色温选择。色温选择参看前面的规划色温内容。

（3）显示指数。显示指数选择参看前面的灯具参数有关内容。

4.4 DALI 协议简介

4.4.1 DALI 概述

数字化可寻址调光接口（Digital Addressable Lighting Interface，DALI）是目前国际上唯一的室内照明通用标准协议。DALI 总线智能照明控制系统采用分布式总线结构，各系统设备采用独立微处理器，独立设备的故障不会影响其他设备的运行，系统具有结构简单、安装方便、操作容易、功能优良、扩展性能强、可根据功能需求增减系统设备等特点。协议定义了驱动器与控制器之间的通信方式，DALI 协议系统由分布式智能模块组成，每个智能模块都具有数字通信和数字控制的能力、DALI 模块的存储器存储模块地址和灯光场景信息。DALI 总线上拓展很多个智能模块，通过 DALI 总线可以与各个智能模块进行数字通信、传递指令和状态信息，实现灯的开关、调光控制、系统的设置等功能，如图 4-31 所示。

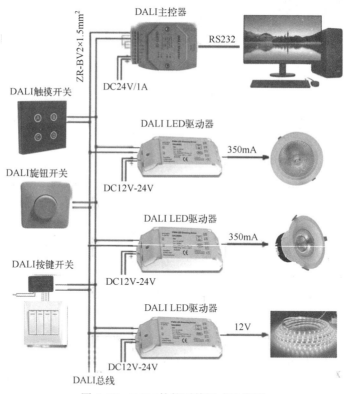

图 4-31　DALI 协议系统组成示意图

DALI 协议是根据主从式控制模型建立起来的，DALI 通过中控制器控制整个系统，通过 DALI 接口连接到 2 芯控制线上，通过调光控制器对每个驱动器进行分别寻址，通过寻址就可以独立操作控制线上的任何一个灯光设备。

4.4.2 DALI 的技术参数

DALI 的技术参数见表 4-3。

表 4-3 DALI 的技术参数

DALI 电压	9.5 V ~ 22.5 V
DALI 系统电流	最高 250 mA
数据传输速度（半双工、双向编码）	1200 bit/s
最大电缆长度	300 m
电缆类型	1.5 mm^2
每个单一系统的最多组数	16
每个单一系统的最多照明场景数	16
每个单一系统地址/器件的最大数量	64
数据编码方式	曼彻斯特编码
单节点额定信号	2 mA
高电位信号/低电位信号	16 V/0 V（额定值）

4.4.3 DALI 的应用优势

1. 设计简单易行

DALI 数字控制系统设计简便，设计中只要通过数字信号接口相互连接，并联到 2 芯控制线上。所有分组和场景均可在安装调试时通过计算机软件编程，不仅节约了布线成本，对于设计修改、重新布局和分隔也只需更改软件设置而不需重新布线，非常简单易行。

2. 安装简单经济

安装 DALI 接口有两条主电源线，两条控制线，对线材无特殊要求，安装时也无极性要求，只要求主电源线与控制线隔离开，控制线无须屏蔽。要注意的是当控制线上电流在 250 mA，线长 300 m 时压降不超过 2 V。控制线和电源线可并行，无须另外埋线。

3. 操作简单方便

DALI 镇流器内部是智能型的，可自动处理灯丝预热、点燃、调光、开关、故障检测等功能，用户界面十分友好，用户无须对此理解很深就能操作控制，如发送一个改变现行场景的命令，各个相关镇流器根据现行亮度与场景要求亮度之差，各自计算调光速率以达到所有镇流器都同步调光到要求的场景亮度，如发送查询命令就可回收各镇流器的运行状态和参数。

4. 控制精确可靠

DALI 为数字信号，不同于模拟信号，1010 的信号可以实现无扰动控制，不会因长距离压降而使得控制信号失真，因此即使 DALI 数字信号控制线与强电线同走一条线管也不会受干扰。DALI 信号是双向传输，不但可前向传输控制命令，也会将镇流器和灯管的状态、故障信息、开关、实际亮度值的信息反馈回系统。

5. 通信结构简单

DALI 接口通信协议由 19 bit 位数组成，第 1 位是起始位，第 2 到第 9 位是地址位，第 10 到第 17 位是数据，第 18、19 位是停止位。采用独特的曼彻斯特编码避免出现误码，传输速率 1200 波特可保证设备之间通信不被干扰，控制线上高电平为 16 V。控制线上的每个控制器在通信中作为 MASTER 功能，而控制线上的像镇流器这样的控制电器只是响应 MAS-

TER 的命令起 SLAVE 的作用，系统具有分布式智能功能。

6. 应用范围广泛

DALI 接口已不仅用于荧光灯镇流器调光，各种卤钨灯电子变压器、气体放电灯电子镇流器、LED 也采用了 DALI 接口调光。控制设备还包括：无线电接收器、继电器开关输入接口。各种按键控制面板、包括 LED 显示面板都已具有 DALI 接口，这将使 DALI 的应用越来越广，控制器从最小的一间办公室扩大到多间房间的办公大楼，从单个商店扩大到星级宾馆。

4.4.4 DALI-2 与 DALI 的区别

DALI-2 首次将标准化技术引入到控制设备中，例如传感器和其他输入设备，以及应用程序控制器等，这些可以被称作是 DALI 系统的"大脑"。DALI 及 DALI-2 标志如图 4-32b 所示。

DALI-2 包含了更为详细和严格的测试要求，可确保来自不同供应商的产品协同工作。为了支持这种互操作性承诺，DALI 引入了 DALI-2 认证计划，该计划包括在授予认证之前对测试结果进行验证，

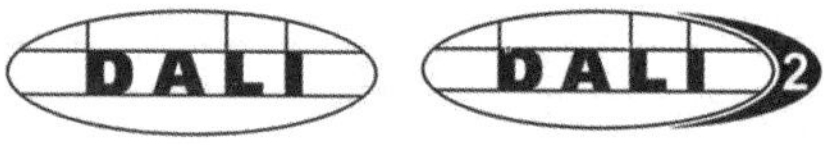

图 4-32 DALI 及 DALI-2 标志
a) DALI b) DALI-2

以及由 DALI 定期组织的一系列测试活动（Plugfest），以验证并进一步完善 DALI-2 测试程序。

与原版 DALI 协议相比，DALI-2 对驱动装置的设备功能（如计时、淡入淡出、上电、启动等），以及新纳入的功能（延长淡入淡出时间）有了更清晰的规定。同时，DALI-2 在设计上具备向后兼容性，企业可在原有 DALI 系统中使用新的 DALI-2 控制装置。

实训 4　搭建无主灯智能照明系统

1. 实训目的

（1）了解无主灯智能照明控制系统的组成。

（2）认识无主灯智能照明控制所需产品。

（3）熟悉场景面板开关的设置。

（4）掌握智能网关的安装调试。

（5）掌握磁吸轨道灯的安装。

2. 实训设备

（1）智能网关 1 台。

（2）智能开关面板 2 个。

（3）场景面板开关 1 个。

（4）调光面板 1 个。

（5）LED 灯、灯带各 1 个。

（6）磁吸轨道灯 1 套。

3. 实训步骤与内容

（1）安装好智能开关面板、场景面板开关、调光面板、LED 灯、灯带和磁吸轨道灯。

（2）参考说明书安装调试好智能网关。

（3）按照图 4-3 搭建简易的智能照明控制系统。

（4）在智能手机上设置好智能开关面板、调光面板和情景控制面板。

（5）用智能手机分别控制 LED 灯、灯带、磁吸轨道灯的开关，组合灯的开关以及调光。

（6）用 4 种方式控制场景面板开关，观看室内灯光变化。

4. 实训报告

写出实训报告，包括实训结果、遇到的问题、解决方法及心得体会。

思考题 4

1. 什么叫无主灯照明？它有哪些优缺点？

2. 智能照明控制系统由哪几部分组成？

3. 设计无主灯智能照明的基本步骤有哪些？

4. DALI 协议有哪些优势？

第 5 章　智慧居家养老

本章要点

- 了解智慧居家养老的概念及相关政策。
- 熟悉智慧居家养老的主要功能。
- 熟悉智慧居家养老硬件的功能。
- 熟悉智慧居家养老软件的应用。
- 熟悉家庭养老床位。

5.1　概述

国家统计局公布的第七次全国人口普查数据结果显示：2020 年全国 60 岁及以上人口为 26402 万人，占总人口的 18.70%，其中，65 岁及以上人口为 19064 万人，占总人口的 13.50%，老龄人口再创新高，我国将很快成为中度老龄化国家。

为应对我国老龄化问题，"十四五"规划指出，推动养老事业和养老产业协同发展，健全基本养老服务体系，大力发展普惠型养老服务，支持家庭承担养老功能，构建居家社区机构相协调、医养康养相结合的养老服务体系。完善社区居家养老服务网络，推进公共设施适老化改造，推动专业机构服务向社区延伸，整合利用存量资源发展社区嵌入式养老。强化对失能、部分失能特困老年人的兜底保障，积极发展农村互助幸福院等互助性养老。深化公办养老机构改革，提升服务能力和水平，完善公建民营管理机制，支持培训疗养资源转型发展养老，加强对护理型民办养老机构的政策扶持，开展普惠养老城企联动专项行动。加强老年健康服务，深入推进医养康养结合。调查显示，我国九成以上老人倾向于居家养老。在社区内嵌入优质、专业养老服务资源，满足在家养老的老人不出社区就能享受到优质服务的需求，不仅有利于降低养老成本，还能让优质养老服务惠及更多老年人。

2021 年 8 月 24 日下午，习近平总书记在河北承德市考察期间，来到高新区滨河社区居家养老服务中心，就养老服务开展实地调研。总书记在此次考察时强调，"完善社区居家养老服务网络，构建居家社区机构相协调、医养康养相结合的养老服务体系"，为发展中国特色养老服务体系指明方向。

5.1.1　智慧居家养老概念

智慧居家养老是指利用先进的人工智能（AI）、物联网（IoT）、无线传输技术等手段，面向居家老人提供实时、快捷、高效、低成本、物联化、互联化、智能化的养老服务。

5.1.1　智慧居家养老的概念

智慧居家养老在居家养老的智能终端设备中植入传感器与电子芯片装置，使老年人的日常生活处于远程监控状态。如果老人走出房屋或摔倒时，智能手表或智能手环能立即通知医护人员或亲属，使老年人能及时得到救助服务；智慧居家养老的医疗服务中心会提醒老人准时吃药和平时生活中的各种健康事项。通过智能手表（手环）的北斗定位技术，可以随时了解老人的位置,不再担心老人走失或迷路;此外,智能手表(手环)还能通过外接蓝牙医疗设备,监测老人的血压、血糖等健康指标,这些自动采集的健康信息,加上服务中心医护人员或家属进行健康调查或定期体检录入的数据,形成持续的健康档案,可以对老人进行更全面的健康监测、预警、建议和指导、干预等一系列健康管理。多样的信息监测手段,能够帮助老人防控心脑血管等疾病的意外突发风险、形成健康生活方式(包括合理作息、饮食、运动、服药提醒等),也有助于对老年常见慢性病的预防和康复治疗。比如当智能手表(手环)监测到脉搏异常时,手表(手环)就会主动报警,让家属或医护人员能主动了解情况,为老人尽量避免生命健康的安全隐患。

　　智慧居家养老服务,是家庭亲情和高新科技的最新结合,为老年人提供日常生活资讯、健康管理、实时安全监控和精神慰藉等服务。它不同于传统的养老方式,因为它既体现了家庭成员的亲情,也融合了高新科技的辅助功能。所以,智慧居家养老服务实际上是在远程科技的体系上建立的一个支持家庭温情养老的新型社会化服务体系,是其他养老模式的补充与完善,不仅解决了我国家庭养老资源紧张的问题,也符合中国一向提倡的"孝"文化。

　　智慧居家养老系统是以养老机构为依托、以智慧养老服务平台为支撑,以智能终端和家庭网络为纽带,整合养老服务设施维护、专业医疗服务队伍和社会义工资源,为老年人提供综合性的居家养老服务,打造智慧养老服务模式。智能终端包括智能手表(手环)、智能健康服务机器人、智能床垫、智能雷达跌倒探测器等;专业医疗服务队伍包括第三方医院及线上医师、药店等多方人员。该系统包括智能终端设备、服务平台(应用软件与服务器)、养老机构、应用服务端及运营维护端,如图 5-1 所示。

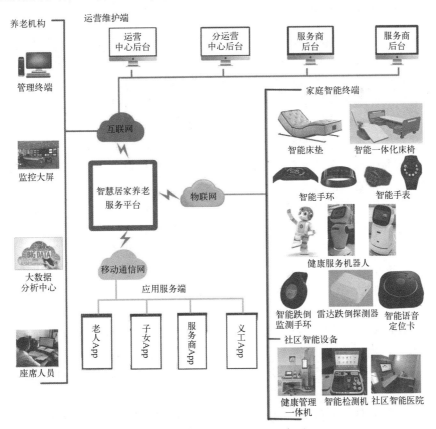

图 5-1　智慧居家养老系统示意图

5.1.2　我国居家养老相关政策

2008 年全国老龄委发布了《关于全面推进居家养老服务工作的意见》，提出居家养老是指政府和社会力量依托社区，为居家养老的老年人提供生活照料、家政服务、康复护理和精神慰藉等方面服务的一种服务方式。居家养老主要是以家庭为核心，通过政府、社区、物业等方面的帮助为老年人居家养老提供力量支撑，满足老年人居家的日常生活需求。

2016 年 2 月，国务院《关于印发中医药发展战略规划纲要（2016—2030 年）的通知》明确指出：发展中医药健康养老服务。推动中医药与养老融合发展，促进中医医疗资源进入养老机构、社区和居民家庭。支持养老机构与中医医疗机构合作，建立快速就诊绿色通道，鼓励中医医疗机构面向老年人群开展上门诊视、健康查体、保健咨询等服务。鼓励中医医师在养老机构提供保健咨询和调理服务。鼓励社会资本新建以中医药健康养老为主的护理院、疗养院，探索设立中医药特色医养结合机构，建设一批医养结合示范基地。

2016 年 8 月 26 日，中共中央政治局召开会议，审议通过"健康中国 2030"规划纲要。纲要的第 10 章指出：推进老年医疗卫生服务体系建设，推动医疗卫生服务延伸至社区、家庭。健全医疗卫生机构与养老机构合作机制，支持养老机构开展医疗服务。推进中医药与养老融合发展，推动医养结合，为老年人提供治疗期住院、康复期护理、稳定期生活照料、安宁疗护一体化的健康和养老服务，促进慢性病全程防治管理服务同居家、社区、机构养老紧密结合。

2019 年 3 月 29 日，国务院办公厅印发《推进养老服务发展的意见》国办发〔2019〕5 号，其中第五点是促进养老服务高质量发展。"推动居家、社区和机构养老融合发展。支持养老机构运营社区养老服务设施，上门为居家老年人提供服务。将失能老年人家庭成员照护培训纳入政府购买养老服务目录，组织养老机构、社会组织、社工机构、红十字会等开展养老照护、应急救护知识和技能培训。"

第五点还包括实施"互联网+养老"行动。持续推动智慧健康养老产业发展，拓展信息技术在养老领域的应用，制定智慧健康养老产品及服务推广目录，开展智慧健康养老应用试点示范。促进人工智能、物联网、云计算、大数据等新一代信息技术和智能硬件等产品在养老服务领域深度应用。在全国建设一批"智慧养老院"，推广物联网和远程智能安防监控技术，实现 24 小时安全自动值守，降低老年人意外风险，改善服务体验。

2019 年 9 月，民政部印发《关于进一步扩大养老服务供给促进养老服务消费的实施意见》，在"积极培育居家养老服务"的部分明确：养老机构、社区养老服务机构要为居家养老提供支撑，将专业服务延伸到家庭，为居家老年人提供生活照料、家务料理、精神慰藉等上门服务，进一步做实做强居家养老。该意见明确提出："探索设立'家庭照护床位'，完善相关服务、管理、技术等规范以及建设和运营政策，健全上门照护的服务标准与合同范本，让居家老年人享受连续、稳定、专业的养老服务。有条件的地方可通过购买服务等方式，开展失能老年人家庭照护者技能培训，普及居家护理知识，增强家庭照护能力。"

2020 年 10 月 16 日，工信部、民政部、国家卫健委确定了《智慧健康养老产品及服务推广目录（2020 年版）》，《目录》是由工信部、民政部、国家卫健委三个部委组织申报，经地方推荐、专家评审。据悉该项举措从 2020 年 6 月起征集项目，历时 3 个月，列举出智慧养老的"先头部队"。《目录》包括养老产品及养老服务两类，共有 118 家公司的产品被列入，另有 120 家公司的服务被列入。

2020 年 11 月 24 日，国家住房和城乡建设部、发展和改革委员会、民政部、卫生健康委员会、医疗保障局和全国老龄工作委员会办公室联合印发《关于推动物业服务企业发展居家社区养老服务的意见》建房〔2020〕92 号，指出：要推行"物业服务+养老服务"居家社区养老模式，积极推进智慧居家社区养老服务，包括建设智慧养老信息平台、配置智慧养老服务设施、丰富智慧养老服务形式、创新智慧养老产品供给。

2020 年 12 月 14 日，国务院办公厅印发《关于促进养老托育服务健康发展的意见》国办发〔2020〕52 号，指出：要根据"一老一小"人口分布和结构变化，科学谋划"十四五"养老托育服务体系，促进服务能力提质扩容和区域均衡布局。

推进互联网、大数据、人工智能、5G 等信息技术和智能硬件的深度应用，促进养老托育用品制造向智能制造、柔性生产等数字化方式转型。推进智能服务机器人后发赶超，启动康复辅助器具应用推广工程，实施智慧老龄化技术推广应用工程，构建安全便捷的智能化养老基础设施体系。鼓励国内外多方共建养老托育产业合作园区，加强市场、规则、标准方面的软联通，打造制造业创新示范高地。

2021 年 6 月 17 日，国家发展改革委、民政部、国家卫生健康委关于印发《"十四五"积极应对人口老龄化工程和托育建设实施方案》的通知，发改社会〔2021〕895 号，在建设任务中指出：一是建设连锁化、标准化的社区居家养老服务网络，提供失能照护以及助餐助浴助洁助医助行等服务。二是新建或改扩建公办养老服务机构，提升公办养老服务机构护理能力和消防安全能力，强化对失能失智特困老年人的兜底保障。三是扩大普惠性养老服务供给，支持培训疗养机构改革转型发展养老，支持医疗机构开展医养结合服务。

2021 年 12 月 9 日，国务院新闻办公室举行新闻发布会，介绍《中共中央国务院关于加强新时代老龄工作的意见》（以下简称《意见》）有关情况。发布会上民政部养老服务司负责人介绍，在居家养老服务方面，重点推进家庭养老床位。"十四五"期间，在中央专项彩票公益金支持下，今年（2021 年）选了 42 个项目地区开展居家和社区养老服务提升行动，通过把养老机构的专业服务递送到家庭、递送到老年人身边和床边，让他们享受养老机构的服务；在社区养老服务方面，重点推进老年餐桌、日间照料、短期托养、互助服务等服务形式，让老年人从家门口走到小区门口就能够享受到身边的养老服务；针对养老机构，强调要提质增效，增强对失能失智老年人照护的能力，同时鼓励养老机构主动上门提供服务。到 2025 年，全国养老机构护理型床位要达到 55%，实现居家、社区、机构三种服务各展所长、融合衔接。

5.2　智慧居家养老系统功能

智慧居家养老系统的主要功能包括健康管理、安全监控、医疗服务与养老服务，如图 5-2 所示。

5.2　智慧居家养老系统功能

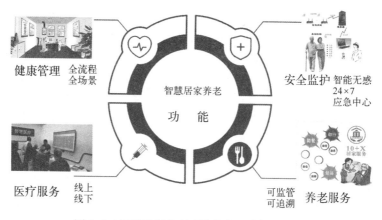

图 5-2　智慧居家养老系统的主要功能示意图

5.2.1　健康管理

　　智慧居家养老系统的健康管理一般包括居家老人的健康数据监测和健康档案管理两部分。该系统利用云健康服务平台，配合各种居家智能终端设备，养老机构的工作人员可将定时检查的老人身体数据输入健康管理子系统，采用先进的数据分析系统，将分析结果及时通知家属和护理人员，以便家属及时掌握居家老人情况，线上和线下的医护人员可及时制定有针对性的医疗护理方案，如图 5-3 所示。

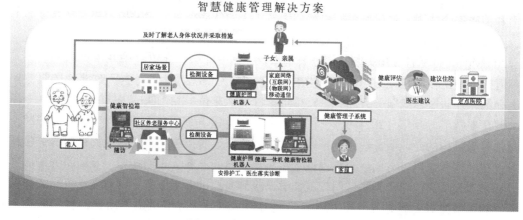

图 5-3　智慧健康管理示意图

1. 健康数据监测

　　健康数据采集是利用居家老人家里的智能终端，如智能手表（手环）、健康服务机器人、雷达跌倒探测器等，通过家庭网络，将采集到的居家老人的健康数据信息上传至健康医疗信息平台。

　　监测数据主要包括：身高、血压监测、体重、血糖检测、尿酸检测、总胆固醇检测、血氧检测与室内运动监测。如运动步数、速度、消耗热量、消耗脂肪等，后台显示历史运动监测数据曲线图或柱状图。

2. 健康档案管理

通过上传健康监测/检测数据，建立永久性个人电子健康档案，用户可以随时通过互联网及各种移动互联终端进行填写、查阅、更新。

整个电子健康档案记录包括如下几个部分。

（1）个人健康档案：个人病史、家族病史、个人过敏史、个人的日常生活行为习惯（包括吸烟、饮酒、饮食、睡眠、锻炼、心理）、躯体功能评估等。

（2）家庭健康档案。

（3）疾病健康档案等的整合：包括慢性病管理信息等。

（4）精神卫生健康档案。

（5）医嘱处方信息的整合与共享：包括各种随诊记录和就诊、检验检查、用药记录等（需要医疗机构端口支持）。

（6）体检结果信息的整合与共享（需要医疗机构端口支持）。

5.2.2 安全监控

智慧居家养老的安全监控是利用家里的智能终端及多个探测器、传感器，除智能手表（手环）、智能机器人、雷达跌倒探测器外，还有烟雾探测器、燃气泄漏探测器、红外探测器、水浸传感器、门磁感应器、智能摄像头、智能床垫、智能药盒等，通过智能网关与家庭网络，实现实时定位、轨迹追踪、视频监控和求助告警等功能，有效解决居家老人的各类安全问题，如图 5-4 所示。

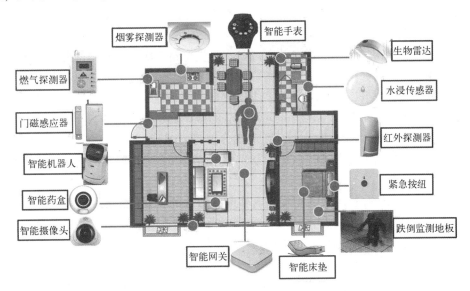

图 5-4　居家养老安全监控示意图

1. 实时定位

根据老人佩戴的智能手表（手环），监护人员（子女、亲属或养老机构）可对老人当前位置进行实时定位，并在养老机构的电子地图上显示。手表（手环）可以间歇地向监控中心发送即时情况，一旦老人的信息没有上传到监控中心，就发出警报提醒。

2. 轨迹追踪

在居家老人的住宅内设电子围栏，系统可以全天候地记录所有老人经过的时间和地点，可对老人的运动路线进行跟踪，掌握其详细活动的路线和时间，监护人员（子女、亲属或养老机构）可以查看老人在先前阶段的活动轨迹，及时处理突发情况。使老人在任何地方都能受到监护人员时时刻刻的关怀。

3. 视频监控

在居家老人的住宅内安装视频监控系统，监护人员（子女、亲属或养老机构）可全天候监控老人居住环境及其活动情况，当有外人侵入或老人发出求助告警时，视频监控系统可控制相应区域的摄像头切换到指定的位置，监控现场画面，为监护人员提供准确可视的信息。

4. 求助告警

老人需要帮助时，只要按下手表上或家里的紧急呼叫按钮，监护人员（子女、亲属或养老机构）马上会收到告警信息，及时获知老人所在的位置，监护人员可以根据信息准确定位，快速响应，及时找到老人，并对老人进行帮助。

5.2.3　医疗服务

智慧居家养老的医疗服务是"医"和"养"的结合，不仅更方便老人就医、问诊，还较好地保证老人的身体健康，让老人尽量少生病、晚发病。老年人居家医疗服务内容包括健康教育、医疗护理、慢性病管理、康复保健、心理咨询、精神慰藉、安宁疗护、协助就诊等。具体可分为基本公共卫生服务和家庭医生签约服务、家庭病床服务、个性化签约服务三个方面。

智慧居家养老机构为老年人建立健康档案，提供每年 1 次健康管理服务、健康体检、中医药健康管理服务，并为提出申请的失能老年人上门进行健康评估与健康服务。对于已与家庭医生团队签约的老年人，可由家庭医生团队向其提供约定的服务项目，如签约家庭医生的老年人基本服务包和老年人个性化服务包，各地可据此确定本地化的各类服务包。

对于可建立家庭病床的老年人，可利用社区适宜技术进行医学健康照顾，包括全科医疗、社区护理以及中医中药服务等。建立家庭病床的老人需要进行生活自理能力评估，分为中度依赖或不能自理。

需要医护人员或医疗护理员上门提供医疗健康服务的居家老年人，且其健康状况具备慢性心功能衰竭、慢性阻塞性肺疾病、慢性肾功能衰竭需要居家腹膜透析、恶性肿瘤带瘤生存、创伤（如骨折等）、跌倒风险评估高危人群等九个条件之一的，为重点服务对象。

智慧居家养老的医疗服务分视频问诊，医生在线服务；快速问诊，可通过识别身份证或社保卡的信息，快速发起问诊请求，连接互联网医院的医生，寻求远程医疗服务；精确问诊，可精准匹配科室和专家医生，寻求精准医疗服务；快速购药，在线下单、配药上门；问诊记录，问诊历史全记录，清晰了解治疗进程；购药记录，购药历史记录全掌握。

5.2.4　养老服务

智慧居家养老系统的养老服务主要包括生活养老照料与医疗健康服务，医疗健康服务参看前面介绍，下面着重介绍生活养老照料。2021 年 3 月 11 日发布并实施的民政行业标准

《养老机构生活照料服务规范》（MZ/T 171—2021）对老人的饮食照料、起居照料、清洁卫生照料、排泄照料和体位转移照料都有明确规定，如清洁卫生照料就包括洗发、洗脸、洗手、刷牙、漱口、口腔擦拭、梳头、剃须、床上洗足、洗澡、床上擦浴和修剪指（趾）甲12 个项目。

生活照料除物质生活方面外，还有精神文化需求，如在线娱乐、收看收听音视频节目。养老机构还根据老年人的兴趣和体能量身定制文化娱乐活动，让邻近老人就地参加书法兴趣组、桥牌活动组、健身舞蹈组的活动。每逢大型节日，比如重阳节、国庆节、新年等，还组织老人一起举行晚会或庆祝活动。

养老机构根据每个老人的寿辰，免费提供祝寿蛋糕、寿面等；春秋两季适时组织老人观光旅游，使老人焕发生命的活力，致力创造丰富多彩的老年生活。

以上介绍的智慧居家养老系统的主要功能是通过系统的智能硬件设备和系统软件来实现智能化和智慧化的。

5.3　智慧居家养老系统硬件

5.3　智慧居家养老系统硬件

5.3.1　智慧手环和手表

1. 智能手环

智能手环是一种穿戴式的智能设备，通过智能手环，居家老人可以记录日常生活中的锻炼、睡眠、身体健康等实时数据，并将这些数据传到养老机构的数据中心，养老机构通过分析这些数据，可指导老人健康生活。

如华为手环 6 Pro，新增内置温度传感器，可检测皮肤温度和显示体温变化的估计体温，并提供高低温提醒，如图 5-5 所示。除了体温检测以外，华为手环 6 Pro 还支持连续血氧监测功能、心率监测、睡眠监测、压力监测以及呼吸暂停风险筛查等功能，可以作为一款居家养老的健康监测设备，实时检测身体健康数据，提早发现慢性疾病，保护身体健康。华为手环 6 Pro 还支持 96 种运动模式，其中包括 11 种常用专业运动模式，包括跑步、游泳、划船机等，同时还支持网球、瑜伽、街舞等 85 种自定义模式。

2. 智能手表

智能手表分为两类，一类有 eSIM 功能，支持安装 App。有这个功能就可脱离手机工作，是一个小型智能手机；另一类没有 eSIM 卡功能，不支持安装 App，主要以运动和健康为主，功能有限。

智能手表的功能可以分为四部分：基础功能、健康功能、运动功能、通话功能。其中基础功能有时间显示、闹钟、消息提醒、公交卡以及门禁卡等；健康功能常见的像心率监测、睡眠监测、血氧功能（部分款有）、压力监测等；运动功能则是记录运动的数据、提供运动的分析以及课程等，可以识别运动的项目；通话功能就是支持 eSIM 卡功能，可以独立通话使用，这个功能

图 5-5　华为手环
6 Pro 显示体温

是少部分智能手表有。其他的则是通过蓝牙连接，在手表上接听电话。

居家老人带上开通了 eSIM 功能的智能手表，能独立接打电话，收发短信，时刻保持在线，大大提高生活质量。

例如华为 WATCH 3 系列智能手表在 2021 年 6 月发布，是该系列的第三代产品。搭载一块 1.43 in OLED 屏幕，亮度达到 1000 nit，支持 60 Hz 刷新率，表壳采用 316 L 不锈钢，有活力款、时尚款、尊享款、时尚款四款可选。手表包含标准版以及 Pro 版，升级了健康管理功能，搭载鸿蒙 Harmony OS2 系统。通过运动健康 App 里的 eSIM 管理，便可为配对的华为WATCH 3 开通一号双终端，即手表和手机共用一个号码，即使没有手机也能用手表接听电话（支持外放，或者连接耳机接听），如图 5-6 所示。除此之外，华为 WATCH 3 还支持蜂窝数据和连接 WiFi 功能，就像是一台"腕上手机"。

华为 WATCH 3 升级自研 TruSeen4.5 心率监测技术，实现 24 小时心率监测、睡眠监测、全天候连续血氧饱和度监测。华为 WATCH 3 还将增加微创血糖检测（需额外购买配套血糖仪）、跌倒检测 SOS、20 秒计时洗手等功能。

2021 年 8 月 10 日华为 WATCH 3 系列功能更新，更新后，支持本地音乐导入、勿扰时段设置、健康生活管理、新增下滑快捷菜单、翻腕静音来电、视频表盘 DIY等功能。该手表还支持 100 多种运动模式、手表跌倒监测功能、NFC 功能等。

图 5-6　华为 WATCH 3
系列智能手表

续航方面，华为 WATCH 3 在智能模式下续航可达 4 天，超长续航模式下可达 14 天。

5.3.2　健康照护机器人

健康照护机器人是一款集健康服务、生活服务、亲情陪伴、在线娱乐、视频问诊、智能提醒等多功能于一体的带屏智慧养老陪伴型机器人，具有语音识别能力及自主学习功能，对于老年人来说，就像一个情感互通的家人，既能给予老年人专业的健康建议，还能给予老年人情感关怀。

如上海华隆科技有限公司研究的智护小麒健康照护机器人充分考虑老年用户身心特点，在语音交互、人脸识别、语音视频通话、磁吸充电等多个层面进行人性化设计，使产品简单易用。在功能上，健康照护机器人具备健康检测、健康干预、家庭助医、监测报警（跌倒和生命体征）、情感陪伴、居家娱乐等功能，能够有效地管理老人健康、精准无感实时监测跌倒和室内生命活动，也可以在很大程度上减少老人的孤独感，增加老人和子女互动，为老人提供更细致、更智能、更人性化的养老服务，其外形如图 5-7 所示。

智护小麒健康照护机器人的核心功能如下。

1. 健康检测

通过蓝牙连接外部检测硬件设备可进行心电、血压、尿酸等身体检测，如图 5-8 所示。

2. 人脸识别

机器人具有人脸识别功能，能够自动识别和关联用户的检测档案数据，可以自动识别和记录保存每位家庭成员的健康检测数据、避免数据出错。

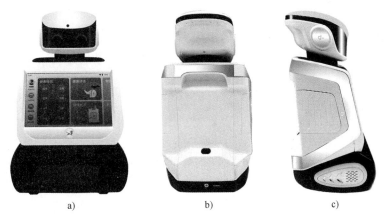

a)　　　　　　　　b)　　　　　　　　c)

图 5-7　智护小麒健康照护机器人

a）正面　b）背面　c）侧面

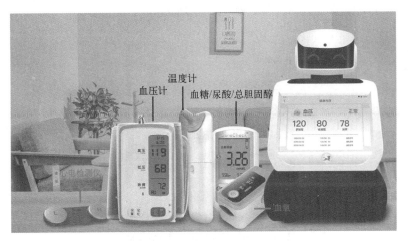

图 5-8　连接外部设备进行健康检查

3. 健康干预

可通过身体监测报告对老人膳食和运动等提出健康建议。

4. 语音控制

机器人通过语音识别获悉用户的控制命令。

5. 人机交互

通过语言、视觉、动作等多种感官进行人机交互，提升机器人使用体验。

6. 居家娱乐

通过联接互联网可观看视频、听音乐等。

7. 紧急报警

一旦老人出现意外可呼唤"小麒小麒，救命"或触发机器人背后的 SOS 报警按钮，机器人会立刻打电话给紧急联系人。

8. 视频通话

老人可以通过机器人与亲人朋友或线上医生进行视频通话。亲人在授权的情况下也可以启动远程视频监控，并远程操作机器人进行移动。

9. 线上 App

设置移动端 App，让家属和老人沟通更加方便无障碍，紧急情况下家属可通过移动端 App 远程控制机器人，方便查看老人出现的突发情况，也可以通过 App 查看老人日常身体监测数据。

5.3.3 生物雷达检测器

生物雷达检测器采用 24 GHz 生物雷达波扫描人体，在反射回来的雷达波中含有人体的体动、呼吸及心跳信号，通过分析这些体征信号可以判断人体的生理和健康状况。其分辨率达到 0.02 mm，可以准确识别心脏跳动时在体表产生的心动冲击波，还能识别呼吸时胸部起伏及肢体的运动，在完全不接触的情况下实现无感监测。同时将探测到人体的心跳、呼吸和体动信号，通过家庭网络及物联网技术将分析结果传输到大数据监管服务平台或家属智能手机上，该生物雷达检测器可以分散部署（卧室、卫生间、客厅等），特别适合居家老人的看护，是智慧居家养老的重要技术支撑，如图 5-9 所示。

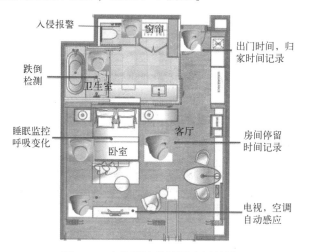

图 5-9　生物雷达检测器应用场景

生物雷达检测器的特点是：24 GHz 毫米波雷达传感器；静止人体探测；生命体征检测；基于多普勒雷达技术，实现雷达扫描区域人员感知功能；实现运动人员及静止人员的同步感知功能；运动感知最大距离在 12 m 以内；微动感知最大距离在 5 m 内；人体感知最大距离为 3 m；跌倒检测最大距离为 1.5 m；天线波束宽度为水平 90°/垂直 60° 扇形波束；具备场景识别能力，识别有人/无人及人员活动状态，输出体动；不受温度、湿度、噪声、气流、尘埃、光照等影响，适合恶劣环境；输出功率小，长时间照射对人体无伤害；无人到有人探测时间在 0.5 s 以内；有人到无人探测时间大于 1 min。生物雷达检测器的外形如图 5-10 所示。

生物雷达检测器的核心功能如下：

1. 跌倒检测

在养老机构或居家养老场景中，防止老年人的跌倒已经成了迫切需要解决的问题。据统计，65 岁以上的老年人，因为肌力衰退及其他原因，每年跌倒的概率是 30%~40%；80 岁以上的老年人，跌倒概率高达 50% 以上。生物雷达检测器采用毫米波雷达技术，利用人体运动感知及人体生物感知的雷达探测模块，通过对老人运动的多普勒参数及老人的生理参数

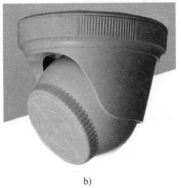

a)　　　　　　　　　　　　b)

图 5-10　生物雷达检测器

a）正面　b）侧面

同步感知技术，实现特定场所内老人存在状态和跌倒状态的无线感知及上报功能。

由于毫米波雷达技术搜索监测精度高，抗干扰性强，易获得目标细节特征和清晰轮廓成像，因此生物雷达检测器具有高精准性和高实时性等优点，可实现大于 95% 的跌倒、滑倒识别率，秒级的跌倒报警响应时间。

2. 睡眠监控与质量检测

生物雷达检测器具有睡眠监控与质量检测功能，可以实时监测睡眠数据，包括心跳、呼吸和体动三项指标，通过对这三项指标的持续监测及统计分析，可以掌握老人的上床离床时间、在床和离床时长、入睡速度、深睡浅睡清醒及做梦的时长、睡眠周期、翻身次数等，还可以对老人的压力状态、心律及呼吸暂停状况进行分析评估。另外通过指标及行为特征分析可以做出睡眠质量评估，如果异常便发出报警信息，从而为用户生命安全及健康管理提供数据支持。

3. 出门回家时间记录

生物雷达检测器通过雷达扫描人体呼吸，来判断人体存在。人员进入 0.5 s 以内上报有人进来，人员离开，雷达会有 3 min 左右的延时输出。并将数据传输到大数据监管服务平台，根据数据分析判断老人出门回家时间。

4. 外人入侵报警

生物雷达检测器扫描时会穿透玻璃、薄木板、石膏板、隔墙等密度小的物体，不能穿透人体。一旦有人进入雷达探测区域内，生物雷达检测器就获取人员位置、速度、姿态等目标信息，通过准确的点云数据判断人员的异常而报警。

5. 电视、空调自动感应

在家看电视、开空调是有人在控制开关，生物雷达检测器可以实现无线感知人体位置（有人无人检测、姿态检测），并将数据传输到大数据监管服务平台，通过智能家居系统，分析判断电视机或空调的前面是否有人在活动，如果没有人，就会通过前端设备关掉电视机或空调；如果有人走进电视机或空调的检测范围内，就会通过前端设备开启电视机或空调，实现电视、空调自动感应开关机。

生物雷达检测器的安装方法有顶部安装、水平安装和倾斜安装，如图 5-11 ~ 图 5-13 所示。

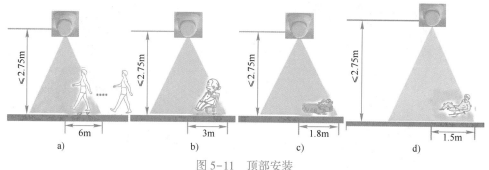

图 5-11 顶部安装

a) 移动触发 b) 静止微动检测 c) 睡眠感知 d) 跌倒检测

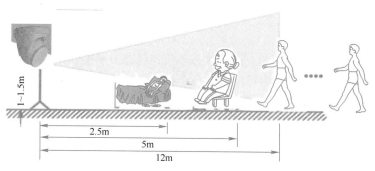

图 5-12 水平安装

顶部安装主要针对湿滑、存在跌倒危险可能区域（比如卫生间、厨房等）和平躺状态下的人体监测（比如卧室、养老场所、病床等）。

水平安装方式主要正对站立或坐姿状态下的人体探测，比如客厅、家电应用等场合。

倾斜安装主要正对房间内有人运动进行探测，适用于客厅等场所。

上述不同安装方式，均需要雷达主波束覆盖人体主要活动区域，并尽可能正对法线方向；倾斜安装时，由于覆盖区域水平投影变化，水平作用距离将对应减小。生物雷达

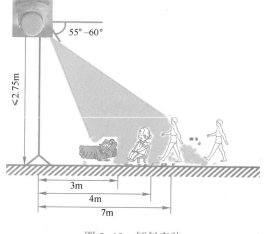

图 5-13 倾斜安装

检测器工作时，表面不应该有金属物遮挡；对应静止状态人体探测，不同体位会对雷达作用距离有影响，雷达不保证所有状态均达到最大作用距离。

5.3.4 智能床垫

智能床垫是将床垫人工智能化，与普通床垫相比，智能床垫更方便人们的生活，特别是居家老人，智能床垫利用传感器技术，实时捕捉老人的身体数据，如心率、呼吸、体动等方面的状态，实时监测，实时监控，提高老人的睡眠质量。

如广药集团旗下白云山壹护公司研发的 AI 智能床垫，通过 30 万个睡眠数据采集结果，结合临床医学研究，内置 AI 感知系统、AI 中央处理系统、AI 反馈调节系统，结合人体工程学、睡眠医学、脊柱学、肌肉骨骼学、经络学等，能让人整夜处于健康、舒适的睡眠状态，提升睡眠质量。

又如小米 8H AI 智能床垫分别安装 1024 个（单人版）和 2048 个（双人版）传感器，可互联米家智能家居其他终端设备，创造多样化的联动睡眠场景，提升生活便捷度。当在检测到睡着时，可以将智能空调的温度调整至预设的理想温度，给主人更好的睡眠感受。智能床垫还能实时监测睡眠过程中的呼吸情况、体位转动、睡眠深度、睡眠时长等数据，并且可以准确查知具体次数和时间，这样可以尽早地发现睡眠过程中的呼吸中断等异常问题，实现健康管理。智能床垫的外形如图 5-14 所示。

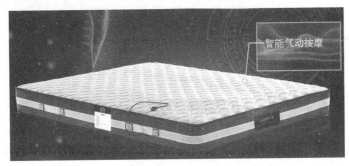

图 5-14　智能床垫

5.4　智慧居家养老系统软件

智慧居家养老系统软件包括智慧居家养老平台、智慧居家养老微信公众号和手机终端 App。

5.4　智慧居家养老系统软件

5.4.1　智慧居家养老平台

智慧居家养老平台以智能终端硬件设备采集数据为基础，利用互联网、移动通信网、物联网、智能呼叫、云技术、GPS（北斗）定位技术等手段，创建"系统+服务+老人+终端"的居家智慧养老新模式。通过搭建系统平台，老人运用智能终端（如智能手机、智能手表/手环、健康服务机器人等）实现与子女、养老服务中心、医护人员的信息交互。居家老人只要在智能终端上轻轻一点，不管身处多远的子女都能实时查询监测到父母身体状况；老人独自在家一键呼叫智慧居家养老平台，就能及时获得紧急救援。

1. 组成架构

华隆科技有限公司研发的社区、居家智慧养老平台组成架构如图 5-15 所示。

该智慧养老平台有四大体系，包括智慧化服务体系、智慧化管理体系、智慧化营销体系和智慧运营体系层。下面主要介绍智慧化服务体系和智慧化管理体系。

2. 智慧化服务体系

智慧养老平台的服务体系分三大类，分别为健康医疗服务、生活养老服务和精神文化需求，如图 5-16 所示。

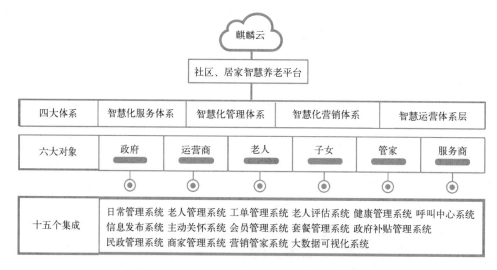

图 5-15 社区、居家智慧养老平台组成架构

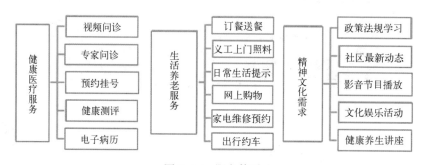

图 5-16 服务体系

居家老人通过电话订购相关服务，养老机构服务人员为老人下单选择服务商，或是老人及亲属直接在 App 下单，服务商负责人将会收到短信提醒和 App 消息推送，可登录服务商 App 或是从计算机登录服务商子系统进行接单。首页屏幕会显示待处理的工单，单击【接单】，选择本机构的服务人员，即可完成派单。派单后由服务人员上门为老人进行相应的服务。

3. 智慧化管理体系

智慧养老平台的管理体系有六大功能，分别为老人管理、健康管理、安防管理、护理管理、信息发布和家属互动，如图 5-17 所示。养老管理体系主要是让老人能够感受到安逸、幸福、温馨的晚年生活。

图 5-17 管理体系的六大功能

（1）老人管理。老人作为居家养老的主要服务对象，是整个养老服务环节的核心。只有建立老人档案，平台所有系统才能运转起来。通过智慧居家养老平台，对老人的情况实现电子化管理，可以详细地看到每个地区的老人分布和健康情况、报警信息，便于管理和数据整合。

（2）健康管理。是指通过老人佩戴的智能终端等传感器，全天候记录老人在家里的饮食起居情况，监控老人的健康信息，并通过系统智能化分析和汇总，得出老人常态及特殊情况下的有关身体健康信息。使得家属和管理人员能够方便地查看老人每天的身体健康基本情况，合理提供膳食与保养建议，防患于未然。健康管理平台画面如图5-18所示。

图5-18　健康管理平台画面

（3）安防管理。是平台通过定位技术对老人位置信息进行捕捉，当老人出现异常情况时，可自动报警。当发生报警时，系统以及显示平台实时地图上会显示报警人、报警位置、报警类型，工作人员迅速安排护理人员第一时间到达目的地，并进行处理。安防管理平台画面如图5-19所示。

图5-19　安防管理平台画面

（4）护理管理。是指养老机构的护理员对老人提供护理工作的智能化登记，当护理员对老人进行护理工作时，系统会要求护理人员识别老人身份，确认护理内容等。

（5）信息发布。是指养老机构实时抓取互联网上的热点新闻、养生保健信息等内容，并根据老人访问内容进行大数据分析，精准推送相关资讯。同时养老机构还可利用信息发布平台宣传党的养老政策，发布公益活动通知等。

（6）家属互动。是指智慧居家养老系统提供给老人家属或监护人员有关老人日常活动、餐饮、用药、健康信息、费用等相关内容，家属或监护人员可通过智能手机、计算机等进行登录系统，自行查看，增强家属与养老机构的互动及沟通。

5.4.2　智慧居家养老微信公众号

智慧居家养老还专门开设了养老微信公众号，居家老人及家属通过关注居家养老服务机构的微信公众号，可帮助居家养老服务机构与居家老人实现线上对接。微信公众号主要涉及居家服务的相关内容，包括家庭医生、家电维修、文化娱乐、旅游活动、法律援助、衣食住行等。家庭医生模块不仅可以帮助居家老人解决导诊，同时实现了时间和资源的节省，主要服务形式包括视频问诊、图文咨询、在线电话咨询等。

5.4.3　手机终端 App

手机终端 App 是指的是智能手机的第三方应用程序，也就是手机终端软件。手机终端 App 根据终端用户不同，分为老人 App、子女 App、服务商 App、服务人员 App 和义工 App 等。

与智慧居家养老平台配套的老人 App 与子女 App 就像一所整合了各种市场化养老服务的"养老院"，按照不同角色，可以用不同的账号登录，为老人提供健康理疗、老人餐饮订购配送、上门理发等各种细致服务，涉及生活帮助、安全看护、康复护理、健康管理、紧急救助、日间照料、亲情关爱、精神慰藉、休闲娱乐、法律援助等"医养"结合的服务项目，子女可以方便地通过平台"远程尽孝"。

服务人员通过短信及 App 收到服务商家派出的服务工单，服务人员接单后开始服务到结束服务，可对全程服务记录。App 包括：待办服务（服务签到）、服务中（服务签退）、完成服务、服务评价、服务统计等模块。如果是直接下单给服务人员或是老人的服务任务已批量指派给服务人员，服务人员可直接查看自己所负责的服务对象信息及计划执行任务量。

养老服务商 App 通过智能手机 24 小时专业监护和长时间动态掌握居家老人的健康状况，从而根据一段时间老人的综合健康数据和指标对老人健康状况进行科学评估、诊断，还能让老人子女及时了解和掌握老人的身体健康状况和上门为老人提供医疗服务，如图 5-20 所示。

图 5-20　养老服务商 App 的应用

5.5 家庭养老床位

5.5 家庭
养老床位

"家庭养老床位"是指以养老机构为依托,以社区养老服务中心为支点,把养老机构专业化的养老服务延伸到家庭,为有失能老人的家庭提供适老化改造、专业护理、远程监测等养老服务。家庭养老床位是在"居家社区机构养老相协调"的指导思想下,在国家大力扶持社区居家养老服务改革试点中产生的创新举措。

《北京市养老家庭照护床位建设管理办法(试行)》的定义是:养老家庭照护床位是依托就近的养老服务机构,通过家庭适老化改造、信息化管理、专业化服务等方式,将养老服务机构的床位搬到老年人家中,将专业的照护服务送到老年人的床边。养老、家庭、照护从三个维度定义了养老家庭照护床位,养老表明服务属性,家庭展示场所特点,照护体现服务专业性,是针对居家的重度失能老年人配备了专业照护服务的养老床位。养老家庭照护床位与社区养老服务驿站的临时托养床位、养老机构的集中照料床位,分别对接居家、社区、机构场景下老年人的专业照护需求,共同构成了北京市养老服务"三张床"。

5.5.1 我国家庭养老床位的发展

2021年6月18日,民政部举行《"十四五"民政事业发展规划》专题新闻发布会。会上,民政部养老服务司副司长李邦华表示,"十四五"民政事业发展的规划第五章就提出:健全建设运营管理政策,发展家庭养老床位,这是第一次在五年规划中提出"发展家庭养老床位"的要求,家庭养老床位是在"十三五"期间民政部和财政部推行的全国的居家社区养老服务改革试点中,探索形成的养老服务的新形式,在江苏、北京、浙江、广东、四川这些地方先行开展,取得了很好的效果。

李邦华称,目前的家庭养老床位主要形式是依托服务能力和水平比较高的养老机构,向周边的失能的、高龄的老年人提供家庭养老照护的服务。

一是从硬件着手,把养老院护理型床位"搬"到老年人家里,对老年人家庭进行适老化改造,配备相应老年的辅具、安装相关信息监测等设施设备,让老年人家居的环境更加适合养老,同时也适合养老机构远程监测和服务老年人在家里养老。

二是从服务着手,把养老机构专业化照料服务送到家,养老机构派人上门为老年人提供照护服务,让老年人在家享受养老机构的专业服务。

李邦华指出,家庭养老床位的发展创新了我国居家养老服务的形式,带动了养老服务消费和就业。从需求侧来看,家庭养老床位实现了老年人在家享受照护服务的需求,也降低了服务成本,让老年人买得起、买得好,需求更旺盛。各地开展家庭养老床位试点中,老年人普遍是欢迎的。

李邦华表示,"十四五"期间民政部门按照规划的部署和要求,将加大家庭养老床位的发展力度,一方面扩大试点范围和覆盖面,进一步总结经验,完善政策措施,让更多的老年人养老不离家,在家里就能享受家庭养老床位,让家庭养老床位成为居家养老服务的一种重要形式,也是让家庭养老床位成为养老机构发挥支撑作用,促进居家社区机构相协调的重要途径。同时加强家庭养老床位的监管,将家庭养老床位纳入养老服务综合监管,出台相关的标准和规范,让老年人享受家庭养老床位是安全的、放心的,让更多老年人享受家庭养老床位，有更多的获得感和幸福感。

5.5.2　家庭养老床位的分类

家庭养老床位共分三种类型。

1. 自理型家庭养老床位

健康老年人与居家社区养老服务中心签约，可认定为自理型家庭养老床位。

2. 护理型家庭养老床位

经第三方评估组织认定为1~5级的失能失智老年人，与居家社区养老服务中心签约3个及以上的居家养老服务项目，每月个人消费金额大于或等于350元，签约期超过半年以上的，认定为护理型家庭养老床位。

3. 政府购买服务型家庭养老床位

将享受政府购买基本居家养老服务的政府兜底服务对象，转型为政府购买服务型家庭养老床位，由街（镇）级居家社区养老服务中心与其统一签约，提供居家养老服务。

5.5.3　家庭养老床位的服务内容

有别于传统的居家养老服务，家庭养老床位服务提供的是"三合一"入户服务。

1. 适老化改造入户

居家环境适老化改造，让老年人居家养老更舒适。居家环境适老化改造的内容包括"基础产品服务包、专项产品服务包和个性化产品服务包"。其中，"基础产品服务包"主要是满足老年人家庭基本适老化需求，包括安装抓杆类产品、燃气与火灾报警装置，对地面实施防滑处理等；"专项产品服务包"主要针对老年人普遍反映的"浴缸洗浴不安全"，提供"浴改淋"等服务。"个性化产品服务包"根据适老性、普遍性和多样性的原则，聚焦老年人安全、方便、健康等需求，各相关平台运营方已形成了涵盖卫生间、厨房、客厅、卧室等七大日常生活场景的60余项200多种产品供老年人选择。

2. 智能监测设备入户

为老人的居住家庭安装烟感探测器、燃气报警器等。同时，配置相应的网络信息服务系统和智能穿戴、智能感应、远程监控等电子信息服务设备，如有需要还可配备智能生命体征监测设备、护理床、专用防褥疮床垫等，动态掌握老人生理指标及活动情况。借助24小时应急响应，老年人可通过紧急呼叫设备主动发起，或通过智能生命监测设备自动发送远程求助信息，由专业养老机构实施响应。

3. 养老服务入户

在服务方面为家庭养老床位老年人提供生活照料、生活护理、卫生保洁、康复护理、药品代购、健康管理、精神慰藉和文化娱乐等8大类20小项服务内容。服务需每日上门，每月不少于30小时，医护人员需每两周上门服务1次。

5.5.4　家庭养老床位的管理

2021年3月26日，中共北京市委社会工作委员会、北京市民政局、北京市财政局、北京市卫生健康委员会、北京市医疗保障局和北京市残疾人联合会联合印发《北京市养老家庭照护床位建设管理办法（试行）》（以下简称《管理办法》）京民养老发〔2021〕47号。

《管理办法》共 26 条，主要包括概念定义、服务对象、服务机构、建设标准、申请流程、服务内容、服务人员、服务终止、争议处理、支持政策、监督管理、工作要求 12 方面内容。

其中第五条规定了养老家庭照护床位建设应同时满足以下两个标准：一是根据需要进行家庭适老化改造，居家环境基本满足重度失能老年人和重度残疾老年人的居家养老服务条件；二是安装必要的信息管理系统和电子信息服务设备，包括紧急呼叫、智能穿戴、智能感应、远程监控、信息传输等设备。

在家庭养老床位建设中，南京坚持"一体化"管理。指出家庭养老床位的管理应以社区养老服务中心为支点，推动养老机构专业化服务延伸到居民家庭，把养老院"搬回家"，把高品质机构服务送上门，要求家庭养老床位老人与入住机构老人实现"六个统一"，即统一评估、统一协议、统一服务内容、统一服务流程、统一人员调度，并把家庭养老床位的服务监管统一纳入市、区级信息平台，实时进行监管。

首先，开设家庭养老床位，由老人向符合条件的养老服务机构提出申请。其次，养老服务机构上门调研服务需求、根据量表评估确定老人护理等级。再次，在老人与养老服务机构签订服务协议后，由养老服务机构对家庭养老床位进行适老化和信息化改造，并按机构标准提供服务。

实训 5　参观智慧居家养老机构

1. 实训目的
（1）了解智慧居家养老机构的组成。
（2）了解智慧居家养老机构的功能。
（3）熟悉智慧居家养老平台。

2. 实训场地
参观学校附近的智慧居家养老机构。

3. 实训步骤与内容
（1）提前与智慧居家养老机构联系，做好参观准备。
（2）分小组轮流进行参观。
（3）由教师或养老机构人员为学生讲解。

4. 实训报告
写出实训报告，包括参观收获、遇到的问题及心得体会。

思考题 5

1. 智慧居家养老是什么？由哪些方面组成？
2. 智慧居家养老系统的功能是什么？
3. 智慧居家养老系统主要有哪些智能硬件设备？
4. 智慧居家养老系统的主要软件有哪些？

第6章 海尔智家

本章要点

- 了解海尔智家。
- 熟悉海尔智家空间场景。
- 熟悉海尔全屋用水方案。
- 熟悉海尔全屋空气方案。
- 了解部分智慧场景。

6.1 海尔智家概述

海尔智家是海尔集团旗下主体业务上市公司，2020 年海尔智家作为全球唯一物联网生态品牌，蝉联美国 BrandZ 全球最具价值品牌 100 强榜单，2021 年 9 月 25 日海尔智家首次以民企身份入围中国民营企业 2021 年 500 强榜单。海尔智家全屋感知决策系统和智能物联语音模组双双入围 2021 艾普兰奖。海尔智家依托 15 个互联网工厂构建智慧家庭生态建设，现已形成"5+7+N"全屋智慧场景解决方案，进一步满足了用户对智慧家庭个性化定制需求，如图 6-1 所示。

图 6-1　海尔智家示意图

海尔智家作为物联网时代领先的生态品牌，随着 AI、IoT、5G 等技术的发展，逐渐为人们打开了新的智慧家庭场景。智慧场景解决方案中的"5"是在家庭里面的五个空间，包括智慧客厅、智慧厨房、智慧浴室、智慧卧室、智慧阳台；"7"是七大全屋解决方案，包括全屋空气、全屋洗护、全屋用水、全屋安防、全屋交互、全屋健康、全屋影音，限于篇幅，本章只介绍全屋用水与全屋空气，其他方案可登录海尔智家官网查看；N 是指上面的"5"和"7"是可以任意组合，实现个性化定制。

目前海尔智家有超过 56 个大类、4000 多个型号的智能网器（具有 IoT 能力的智能家电）。在不同空间，都可以提供从单品到成套，再到智能互联的生态产品。产品之外，海尔智家还连通海量资源形成了衣联网、食联网等生态圈。以厨房空间为例，目前，海尔智家从网器互联、食材管理，到家庭健康，已经形成了智能美食生态圈。海尔智家有全球 7 大品牌，包括海尔、卡萨帝、Leader、GE Appliances、斐雪派克、AQUA、Candy。海尔智家在全球共拥有 28 个工业园、122 个工厂，其中 59 个在海外。2022 年在欧洲、南亚新增了 4 家工厂。

在终端用户体验上，海尔智家推出智家 App、001 号体验店、衣联网体验中心，嵌入AR、VR 新技术，构建智慧场景解决方案的现实样本，促进场景销售代替单品销售，推动智慧家庭场景的终端落地。

海尔智家 App 是海尔智家平台推出的亿万家庭的智慧生活入口，以用户为中心，从设计一个智慧家、建设一个智慧家，到服务一个智慧家，为用户提供全流程、全生命周期的服务。以设计在线、客户在线、直播在线、服务在线等生态服务为支撑，以场景代替产品，以生态覆盖行业，全方位满足终身用户的场景需求。在手机上登录海尔智家后出现的界面如图 6-2 所示。海尔智家手机界面的上方显示本地的天气情况，如温度、天气、湿度、PM2.5 数值，显示城市的地址可自行更换；手机界面的下方有"智家""服务""生活家""商城"和"我的"5 个小栏目，用户可根据需要打开不同的界面。

图 6-2　海尔智家 App 手机界面
a）智家界面　b）服务界面

海尔智家 001 号体验店或体验中心全面展示了智慧家庭新战略，并通过提供最全面的场景生态方案及一站式定制服务，打造出"新阳台""新卧室""新厨房"等各类"新居住"智慧生活。

比如，在"吃在智家"场景中，全空间保鲜冰箱不仅保证食材新鲜无菌，还能根据体重推荐健康食谱、联动烤箱烘焙、网上下单食材、溯源食材产地等；在"穿在智家"场景中，高档面料不用再跑干洗店，微蒸汽空气洗衣机护衣不伤衣，而且首饰、眼镜脏了，用超声波清洗机可快速深层洁净，鞋子随手放到智能鞋柜中就能杀菌除味。

在海尔智慧客厅通过网关联动家中各个设备，从进门那一刻起，贴心的服务就一直伴随着，客厅空调自动开启、灯光打开、窗帘打开。想要调节空调温度，说："空调24℃。"空调也会自动调节到24℃。当室内温湿度、CO_2浓度超标时，能主动调节、开启新风功能，平衡室内温湿度，吹出新鲜空气。

走进智慧厨房，想吃北京烤鸭不需要下馆子点外卖，40多道复杂工序在家3步就能完成。也不必担心每天自己的饮食是否不健康，冰箱能根据用户身体指数主动推荐健康食谱，一键下单半成品食材就会送货上门，全程溯源不必担心食材安全。

走进智慧浴室，原来洗澡要考虑热水够不够、天气冷不冷，在这里浴前就能提前预约热水、进行暖房，浴后还会主动除湿防止空气憋闷、地板湿滑。洗漱时会根据你的身体指数给出健康管理方案。

在智慧卧室，只要一躺到床上，智能枕主动监测用户的睡眠状态，还联动空调随时调整温度。

在智慧阳台，只要把衣服放入洗衣机，产品随即识别出品牌和材质，并根据当地水质给出洗涤方案。洗好后，摆在洗衣机上面的干衣机就会自动设定烘干参数，弄干拿出，带有紫外杀菌功能的智能晾衣架还能保障衣物晾晒健康。

此外，海尔智家还构建了一个IoT+AI开放平台——U+智慧生活平台，以开放的态度整合各方资源，统筹所有智能家居技术，提出以家庭为核心的海尔智慧家庭，为用户提供全新概念的场景式生活体验模式，可完成包括数据采集、用户习惯分析等个性化服务。在实现不同产品互联互通的前提下，建立分布式交互入口，让人与家庭的交互更加自然便捷，并利用智家云脑为用户提供主动服务，达到真正的人工智能智慧家庭。海尔全屋智能家居场景如图6-3所示。

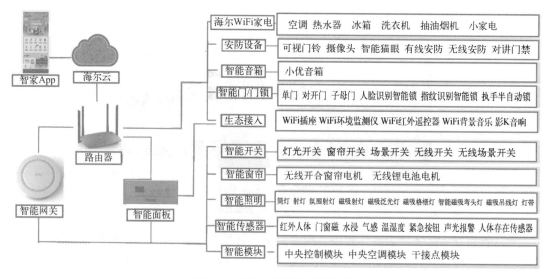

图6-3 海尔全屋智能家居场景

2020年9月，海尔智家推出了场景品牌"三翼鸟"，这个新品牌主打为用户提供阳台、厨房、客厅、浴室、卧室、全屋空气等智慧家庭全场景解决方案。作为场景品牌，三翼鸟实现一站式定制智慧家，为用户提供涵盖家装、家居、家电、家生活的一站式定制智慧家服务。这一转变，海尔智家不再是一个简单卖冰箱、洗衣机、空调等家电的企业，而是为用户提供便捷、专业、个性化的定制智慧家服务。

目前"三翼鸟"拥有的2万余款组件、300多个场景方案、200余种服务解决能力，能为用户在餐饮、睡眠、洗浴等方面打造不同特征的个性化智慧家庭解决方案。当用户运动归来后，其运动数据可实时同步到冰箱，冰箱接收到数据后即可推荐对应的菜谱及食材保鲜信息，之后厨房根据接收到的信息为用户提供精确控制烹饪时间。在这个过程中，用户几乎不需任何操作，即可实现冰箱、厨具、烟机等产品相互配合，打造用户从进门到用餐完毕的全生态场景解决方案。海尔三翼鸟体验店如图6-4所示。

图6-4　海尔三翼鸟体验店

2021年3月22日，海尔智家在上海召开以"让家更智慧"为主题的开发者大会，在会上发布了面向智慧家庭场景生态的操作系统Uhome OS 3.0。该系统的特征在于研发了智家大脑——智慧家庭的核心技术引擎，可运用AI、IoT、大数据等先进技术，让家能思考、会学习，实现有"脑"的智慧家庭。同时推出首个智能物联语音模组，不仅从技术层面解决了家庭语音交互难题，让家电变得"能听、会说、会思考"，而且带来了智能物联和语音交互体验的场景解决方案，让用户体验到的家庭语音场景更自然、更主动、更贴心。

6.2　海尔智家空间场景

6.2.1　智慧门厅与客厅

智慧门厅与客厅主要解决居住安全性与操作便捷性两个问题，海尔智慧门厅安装指纹锁、智能摄像头、门磁与窗磁防止外人入侵，如果有外人入侵，摄像头实时拍照并及时推送报警信息到主人的手机上，全方位守护家庭安全。

海尔智慧客厅安装有智能网关、4K超高清电视、洗空气空调、扫地机器人、智能触控面板和空气净化器等智能电器，客厅所有电器与灯具均能互联互通，还可进行远程视频通话，家电运行状态全屏显示在智能触控面板上或智能手机上。用指纹锁打开门就会联动其他电器与灯具开启回家模式；关门后也会联动其他电器与灯具自动开启离家布防模式。海尔智慧客厅如图 6-5 所示。

图 6-5　海尔智慧客厅示意图

1. 指纹锁

指纹锁是应用指纹识别的智能锁具，有关指纹识别的原理与应用已在第 3 章中有详细介绍，下面介绍海尔 E20 型智能指纹锁。该锁采用锌合金机身材料，质地坚硬、坚韧耐用；采用了钢化 2.5D 全面屏，硬度高达 7H，不仅美观抗砸，还具有防刮花防划痕的功能。

6.2.1　智慧门厅
与客厅-指纹锁

海尔 E20 型智能指纹锁采用新一代指识别技术，包含指纹、皮肤、导电性等多维识别；安装 AI 自学习算法芯片，采集分辨率高。每一次指纹开锁都会自主采集，完善用户指纹信息，让家中的老人、小孩的指纹轻松识别。

E20 同样具有无线联网功能，支持手机指纹管理、密码管理、卡片管理、音量管理、一次性临时密码、开门记录查询、报警记录查询等。

海尔 E20 型智能指纹锁具有五重报警功能，即门锁被撬报警、胁迫指纹报警、锁芯异常转动报警、防试开报警和电量不足报警。E20 指纹锁还采用动态滚动加密技术，每使用一次门卡后，第二次使用门卡时密钥就会自动更新，完全杜绝门卡密钥复制，其外形如图 6-6 所示。

2. 智能摄像头

智能摄像头是一种融入人工智能技术的网络摄像头。它通过云端大数据与物联网，利用智能手机可远程监控家里的实时动态。还可与控制主机进行安防联动，当监测到非法侵入时会报警，并将消息推送给手机。下面介绍海尔 WSC-570W 型无线高清摄像头，其外形如图 6-7 所示。

海尔 WSC-570W 无线高清摄像头，采用双马达设计，支持多方位灵活转动，纵向 120°，横向 355°，实现旋转监控；通过手机 App 智能操控，可在画面上滑动实现旋转，随时随地查看家里情况；高清红外夜视，有 4 组高清夜视灯，红外距离照射可达 10 m，再加上 ir-cup 滤光镜的增益效果，即使在夜晚，拍摄出的影像依旧很清晰；智能移动侦探，远程报警，自动录制，并保存录像至内存卡，还可插入 32 GB TF 存储卡，同时实时推送图像报警消息到手机；双向语音通话，摄像头内置传声器与扬声器，有语音通话功能，支持双向语音直接通话，沟通起来更顺畅；具有多人分享功能，可以多人同时观看录像。当自己的爸爸妈妈、哥哥姐姐在外地，也可以同时打开 App，直接查看家里的情况，或者开家庭会议；摆放或吊装方式任选，且安装简单，操作方便。

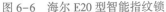

图 6-6　海尔 E20 型智能指纹锁

图 6-7　海尔 WSC-570W 型无线高清摄像头

3. 智能触控面板

海尔智能触控面板，借助海尔智家 App 即可实现对客厅区域内灯具的多模式、自定义远程控制，除了单独控制单个灯具，也可通过情景模式定时预设，语音声控、一键触发或者定时自动触发所有用户想开关的灯具。

海尔智能触控面板包括魔方面板和卡萨帝智能触控面板，外形如图 6-8 所示。

a)　　　　　　　　　　　　　　　b)

图 6-8　海尔智能触控面板

a) 智能魔方面板　b) 卡萨帝智能触控面板

海尔智能魔方面板系列可以与全屋的 AIoT 设备联动，通过智家 App 定制生活场景。例如当使用家庭影院时，只需在面板上选择观影模式，影音室就会自动调节筒灯、射灯等，窗帘配合关闭，家庭影院播放上次未结束的节目，空调吹送 24℃ 的舒适风。

海尔智能魔方面板系列的神奇之处不仅仅是在家中，还在于离家之后，它可全面智控海尔智家的全套智能 WiFi 家电，对家电信息进行汇总管理，实时查看并提醒故障排查、家电清洗、配件更新等事项。通过手机 App，可以让用户不受各种距离的限制与束缚，查看家中智能设备的状态。

2020 年 7 月 4 日，在智家云众播平台新品发布会上，卡萨帝推出"指挥家"系列智能面板。该系列智能面板打破目前市场上同类产品最大只能控制 200 m² 的弊端，打造满足不低于 6 层别墅的多空间智控解决方案，并以一站式场景控制带来更流畅的全屋智能操控体验。

在场景控制方面，卡萨帝智能面板避免了行业普遍的单机、单品控制，实现了全套智能家居一键操控。当用户解锁智能门锁的瞬间，屋内灯光开启、窗帘自动调节。在智能面板上选定睡眠模式后，全套智能家电和系统可一键智控，灯光调整到最舒适的状态、窗帘关闭、空调也自动调整到睡眠模式。卡萨帝"指挥家"系列还实现生态融合，与各行业头部品牌合作，为用户提供包括家庭影院、安防等全品类、全种类、全场景的主动智能服务。

如海尔 HK-37P4CW 型智能面板具有场景控制、互联互通，智能调节空调、灯光、新风，高端豪华外观设计，搭配多种不同类型负载，控制灯光、窗帘等家居，开关之间相互控制，凹槽玻璃设计，增强触摸体验等功能特点，外形如图 6-9a 所示。

a)　　　　　　　　　　　b)

图 6-9　海尔智能触控面板

a）HK-37P4CW 型　b）HK-60P4CW

又如海尔 HK-60P4CW 型智能面板可选择多种背景风格；内置多种传感器，其中温度湿度传感器可配合中央空调智能调节室温，亮度传感器可智能调节背光亮度，VOC 传感器可与新风系统配合，智能调节室内空气质量，还可对接多种外部传感器设备，实现更多智能控制；搭配多种不同类型负载，如开关型负载、调光型负载、窗帘类负载（抽头电机）、中央空调、中央地暖、新风系统、背景音乐；支持场景控制、支持外部信号输入、交互控制；系统内任意一个面板均可控制系统内所有面板上的负载，外形如图 6-9b 所示。

4. 扫地机器人

海尔扫地机器人的品种、型号多，有扫拖一体扫地机器人、吸扫拖扫地机器人、视觉导航扫地机器人、激光导航扫地机器人、陀螺仪导航扫地机器人、智能感应扫地机器人、玛奇朵 M3 扫地机器人、防缠绕扫地机器人、小蓝 S 智能扫地机器人等。下面介绍客厅优选的 HB-X770W 型星光激光扫地机器人，外形如图 6-10a 所示。该款扫地机器人采用激光扫描、LDS 激光导航系统，能看得见，也能扫得准。每秒扫描 2000 次，"看到"的家庭半径长达 6 m，有助于扫地机器人灵敏地避开障碍物，且不遗漏房间边角。并可用智能手机 App 预约，定时清扫房间，下班后到家能享受清洁空间；或通过 App 指挥机器人打扫卫生，如图 6-10b 所示。该款扫地机器人安装了自动增压水箱，摩擦去渍不留痕，对污渍地面，它可湿拖；设有流线型风道，保证吸力持久不减弱。

a)　　　　　　　　　　　　　　b)

图 6-10　HB-X770W 型星光激光扫地机器人

a）外形　b）定时清扫

5. 空气净化器

空气净化器又称空气清洁器、空气清新机、净化器，是指能够吸附、分解或转化各种空气污染物（一般包括 PM2.5、粉尘、花粉、异味、甲醛之类的装修污染、细菌、过敏源等），有效提高空气清洁度的产品。在智能居家、医疗卫生、工业领域均有应用，家用空气净化器最主要的功能是去除空气中的颗粒物，包括过敏源、室内的 PM2.5 等，同时还可以解决由于装修或者其他原因导致的室内、地下空间、车内挥发性有机物空气污染问题。由于相对封闭的空间中空气污染物的释放有持久性和不确定性的特点，因此使用空气净化器是国际公认的改善室内空气质量的方法之一。

空气净化器中有多种不同的技术和介质，使它能够向用户提供清洁和安全的空气。常用的空气净化技术有：吸附技术、负（正）离子技术、催化技术、光触媒技术、超结构光矿化技术、HEPA 高效过滤技术、静电集尘技术等；材料技术主要有：光触媒、活性炭、合成纤维、HEAP 高效材料、负离子发生器等。现有的空气净化器多为复合型，即同时采用了多种净化技术和材料介质。海尔 KJ210F-A180A 型四重过滤空气净化器外形如图 6-11 所示。

6. 智能窗帘

智能窗帘是指具有自动调节及控制功能的窗帘，或称智能遮阳。它能根据室内环境状况自动调节光线强度，有智能光控、智能雨控、智能风控与场景控制等。

智能窗帘的主要工作原理是，通过控制电动机的正反转来带动窗帘沿着轨道来回运动实现窗帘的打开与关闭，不但省去了拉窗帘的人工操作，还可以创造更多的应用情景。可以与室内的活动联动，例如中午打开电视时，考虑到阳光照晒的问题，客厅的窗帘会自动调节以减少光照。还可以综合考虑时间、季节、城市地理位置、天气等因素，实现窗帘的自动控制。例如夏天时，合理的调控窗帘能避免室内温度过高，减少制冷的能源消耗；而冬天时，可以尽量增加室内光照量，以降低取暖的能耗。智能窗帘如图 6-12 所示。

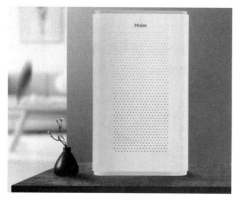

图 6-11　海尔 KJ210F-A180A 型
四重过滤空气净化器外形

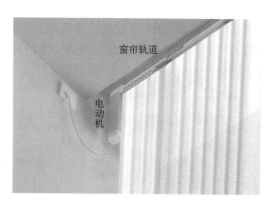

图 6-12　智能窗帘

7. 智能网关

智能网关具备智能家居控制中心及无线路由器两大功能，一方面负责整个家庭的安防报警，灯光照明控制、家电控制、能源管控、环境监控、家庭娱乐等信息采集与处理，通过无线或有线方式与智能交互终端等产品进行数据交互。另一方面它还具备无线路由器功能，是家庭网络和外界网络沟通的桥梁，是通向互联网的大门。

海尔智能网关配有电源、服务器、网络指示灯，指示灯光的颜色也会相应发生变化；网关内部集成 LAN、ZigBee 模块，支持海尔 WiFi 智能家电连接，桌面放置安装，既方便又美观，如图 6-13 所示。

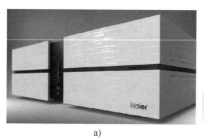

a)

b)

图 6-13　海尔智能网关
a）正面　b）背面

8. 柜式空调

2021 年 8 月 17 日，海尔发布"8 合 1"洗空气柜式空调，在"6 合 1"基础上新增新风、香薰功能，并应用在智慧客厅养生空气场景、智慧卧室睡眠空气场景中。区别于传统空调仅制冷制热，海尔洗空气空调升级空调+净化器+加湿器+清新机+消毒机+除湿机+新风机+香薰机"8 合 1"，适用于全国各地的复杂气候。其中，新增的新风和香薰功能，既能保证室内空气新鲜度，还能还原大自然的清新味道，让人置身瀑布旁。

海尔洗空气空调通过聚合双向冷暖分送科技、离子瀑洗空气科技、双动力恒温净化新风科技等实现喷淋式净化、瀑布式增氧、混合式清新、智慧式调湿，有效去除空气中常见的 7 类污染物。同时释放万级负离子、水分子等两类空气健康因子，吹出大自然的清新健康风。

在智慧客厅养生空气场景中，海尔洗空气空调能主动感知室内空气质量。当室内温湿度、CO_2 浓度超标时，能主动调节、开启新风功能，平衡室内温湿度，吹出新鲜空气。海尔洗空气空调还能"听懂"人说话。只需说一句"小优小优，朝我吹风"或"小优小优，避开我吹"，空调便能"听声辨位"，老人孩子都能轻松操控。海尔洗空气空调如图 6-14 所示。

9. 海尔 4K 超高清电视机

4K 超高清电视中的 4K 是指 4K 分辨率，属于新一代超高清晰度电视标准。4K 电视就是平板电视显示分辨率的水平像素点达到 1024 的 4 倍，即分辨率为 4096×2160 像素。也就是说，达到这一分辨率的平板电视，可以统称为 4K 电视。

图 6-14　海尔洗空气柜式空调

海尔 4K 超高清电视有多种款式型号可供用户选择，75 in 海尔 4K 超高清电视机如图 6-15 所示。

图 6-15　75 in 海尔 4K 超高清电视机

6.2.2　智慧卧室

智慧卧室主要是让用户睡好觉，实际上睡觉时的环境冷热、声音、光线、空气湿度以及用户情绪，都会影响睡眠质量。专家认为改善睡眠环境对良好睡眠尤为重要，其中光线、温湿度、空气流通、寝具是改善睡眠环境的四大要素。每一个人所拥有的睡眠曲线也因人而异，浅睡眠时的光感与噪声、深睡期的风感与温度，都是引发睡眠障碍的诱因。

智慧卧室根据不同年龄分为儿童房、主卧、老人房等，一般设置睡前准备、睡前阅读、就寝、起夜、起床等场景，智慧卧室一般安装海尔物联网空调、智能音箱、智能窗帘、智能枕、智能床头柜、护眼台灯、杀菌灯等多款生态产品，如图 6-16 所示。

图 6-16　智慧卧室示意图

1. 壁挂式变频空调

海尔雷神者除菌空调是一款壁挂式变频空调，内部安装深紫外杀菌模块，通过空调的循环送风，有效杀灭流通于空气中的细菌病毒，2 h 除菌率高达 95%；内置了 56℃ 除菌自清洁功能，加上银离子涂层等抑菌科技，真正实现室内/外机自清洁，从源头抑菌，只吹干净风；在制冷模式下，可根据温差自动判定，智能冷风不吹人；在制热时采用地毯式送风，全屋热得快，温暖舒适；采用智能光感技术，空调可根据屋内光亮度自动调节显示，并进入睡眠曲线，贴心舒适；还可实现语音与 WiFi 智能控制，随心掌控室内温度；支持 App 线上故障报修，简单便捷，外形如图 6-17 所示。例如对着雷神者除菌空调说一句："小优小优，我要睡觉了！"卧室的窗帘就会自动关闭，启动安防系统，关闭灯光，再将空调调节到睡眠模式；香氛机释放出阵阵香味，起到安神助眠效果；夜间，智能枕监测睡眠状态，联动调整空调温度、风速等；起夜时，小夜灯感应开启，不会驱散睡意。

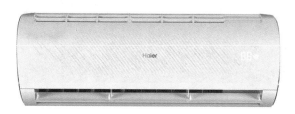

图 6-17　海尔雷神者除菌空调

2. 智能音箱

智能音箱在第 3 章已经介绍过，下面简单介绍一下海尔 HSPK-X30UD 型智能音箱。该音箱采用创新式独立音腔设计，超声波焊接工艺，高中低频稳定均衡，声音饱满细腻，拥有出色的听觉感受；采用两颗高精度 MEMS 麦克风环形阵列，5 m 远距离拾音，深度定制行业一流语音算法方案；360° 全方位拾音，回声消除，智能降噪，实现远场自然语音精准识别；通过云 WiFi，语音操控全屋智能家电，轻松切换多种场景；内置闹钟、日程、股票信息提醒、翻译等多种功能，直接连接海尔家电知识库，为你解答家电使用的各种问题；丰富的音乐曲库，正版音乐想听就听；海量有声资源，可收听音乐电台、有声小说、相声小品、新闻资讯等，其外形如图 6-18 所示。

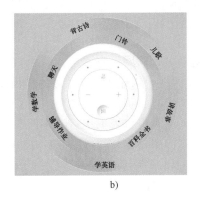

a)　　　　　　　　　　　b)

图 6-18　海尔 HSPK-X30UD 型智能音箱

a）正面　b）顶部

3. 智能床头柜

智能床头柜是将传统床头柜与现代电子技术相结合，内置的无线充电装置可以为手机充电，在其背部设置了 4 个 USB 接口和 2 个电源接口。可同时对需要充电的设备进行充电；床头柜前部安装移动感应灯，起夜时移动感应灯就会亮，无须手动开关夜灯；安装了智能蓝牙音箱，通过蓝牙与手机连接，不但能听音乐，还可查天气、听故事等。智能床头柜外形如图 6-19 所示。

4. 智能枕

海尔智能枕采用 0 压记忆棉材质，能吸收并分散人体压力，促进深度睡眠；外观采用人机工程设计，充分考量用户因素，优化颈部接触造型，适合不同姿势的睡眠；还可通过多种参数源有效检测用户睡眠状态，实现对用户睡眠状态的实时监测与睡眠数据还原；并根据睡眠监测数据，生成睡眠监测报告，手机 App 也将自动推送昨晚的睡眠报告。

智能枕睡眠数据可通过智家 App 实现数据与空调的联动，根据用户的睡眠状态变化，调节空调温度，改善睡眠环境，让用户睡好觉。智能枕如图 6-20 所示。

图 6-19　智能床头柜　　　　　　　　图 6-20　海尔智能枕

6.2.3 智慧厨房

海尔智慧厨房是通过食联网生态平台，引入多方资源，共同为用户搭建"吃、买、存、做、洗"一站式解决方案，实现用户和平台的持续交互，资源与平台的共创共赢。在智慧厨房内，以馨厨冰箱为中心，可以联动整个厨房，实现存储、加工、烹饪、洁净、购买、联通安防6大智慧场景。冰箱可以根据用户的数据精准推荐健康膳食方案，帮助用户购买安心食材，并推荐菜谱。还可将菜谱直接联通到烤箱和吸油烟机、消毒柜，轻松实现一键烘焙、烟灶联动、自动消毒。如果有人来敲门，冰箱的显示屏还可立即切换到门禁可视系统联通安防。海尔智慧厨房如图6-21所示。

图 6-21 海尔智慧厨房

1. 海尔馨厨智能冰箱

海尔馨厨智能冰箱不仅有屏幕、能联网，还能解决用户深层次的需求，方便用户操作，实现网器联动，提供了一站式的健康美食服务。

例如在智慧保鲜场景下，打开冰箱门放入西兰花时，海尔馨厨智慧冰箱会主动询问录入食材，AI大数据显示西兰花的存储温度是2~4℃，保质期是14~21天。随后，冰箱会自动控温，并设置过期提醒，让食材保存更新鲜；又如在智慧烹饪场景下，买回一块牛排后，海尔馨厨智慧冰箱可以为你提供烹饪菜谱，并发送到燃气灶具，用合适的温度进行烹饪，抽油烟机会随着灶具自动控制风量大小，带来无缝衔接的智能体验；在全屋控制场景下，还可通过冰箱智能控制家中的家电。只要说一句唤醒词"小优小优，启动洗碗机"，洗碗机就响应指令工作，海尔馨厨智能冰箱如图6-22所示。

2. 蒸烤一体机

图 6-22 海尔馨厨智能冰箱

海尔嵌入式蒸烤一体机采用CANDNY水汽分离技术，干饱和蒸汽迅速蒸透食材，不破坏食材本身结构，锁住营养不流失，速享美味不等待；采用GEA宽频烤技术，30~230℃广域调控，满足多种烹饪方式，各式美食随心选择；蒸烤一体，烤的同时喷射蒸汽，自动匹配合适蒸汽量，内部新鲜多汁，外表金黄酥脆，口感层次丰富饱满；内置 64 道大师级菜谱，智能记忆常用程序，下载海尔智家 App，海量菜谱在线更新；还可通过 App、小优音箱，预热、调用菜谱；55L 大容量，可实现多层蒸烤，满足家庭聚餐，朋友聚会，如图 6-23 所示。

3. 全自动洗碗机

海尔 15 套洗碗机采用上中下三层碗篮设计，超大容量，能满足一家三代人使用；采用 AutoDry 自动感应烘干技术，可以实时感应温度，在温度最佳临界点自动开门，最大化利用热能，从而达到最佳的消毒烘干效果；采用 80℃ 微蒸汽洗模式，不仅可瓦解餐具缝隙中的顽固油污，同时还可对餐具进行彻底消毒，长达 10 min 的高温可以灭杀餐具上的细菌，除菌率为 99.99%；还配有 Auto Sensor 温浊一体传感器，可智能感应餐具上的油污程度，然后智能匹配洗涤时间和温度，制定出最适合的洗涤程序，这样使用起来就更加省水省电，如图 6-24 所示。

图 6-23　海尔嵌入式蒸烤一体机

图 6-24　海尔全自动洗碗机

另外海尔智慧厨房还有燃气灶、抽油烟机、破壁机、蒸箱等智慧厨房电器，限于篇幅不再一一介绍。智慧厨房联手新华网开启食材溯源，手机扫码即可得知溯源信息；还可以通过智家 App、三翼鸟 App 线上下单购买食物。

6.2.4　智慧浴室

海尔智慧浴室主要由智能热水器、魔镜、体脂秤、浴霸等组成。以前是手动控制卫浴电器，即使智能产品也需要用手机控制，而在海尔智慧浴室场景中，只要喊一句话"小优小优，我要洗澡"，热水器就会按照往常的洗浴习惯来准备适宜温度的热水，智慧浴霸也将自动开启，进行排风换气，保证浴室内温度以及新鲜空气的流动；洗澡中，智慧瀑布洗解决方案可根据水流及水压智能增压，在家也能享受瀑布式的劲爽按摩沐浴；如果在沐浴时感到无聊，还可点击智慧魔镜，无论听歌、听广播还是看电影，都能轻松实现；浴后，浴霸从暖风模式切换到除湿模式，保持浴室清爽，智能毛巾架自动启动，并对毛巾进行烘干、杀菌；体脂秤和魔镜会记录用户信息，主动给出健康建议；当用户如厕时，暖风和智能马桶还能自感应联动，打造洁净如厕的场景，如图 6-25 所示。

图 6-25　海尔智慧浴室

1. 海尔热水器

海尔热水器包括电热水器、燃气热水器、太阳能热水器、空气能热水器、太空能热水器，下面介绍一款 60 升健康抑菌横式电热水器。该热水器采用 6 倍增容技术，自动补水、快速混合加热，能满足全家人的热水需求；内胆水质实时监测，如水点变为橙色时，便启动健康抑菌；采用 80℃ 高温抑菌结合多重抑菌科技，抑菌率高达 99.9%，水质持续健康洁净；WiFi 连接热水器，下载手机 App 可随时随地操作，享受便捷生活；如果家中有电器漏电，防电墙指示灯就会闪亮预警，保障家人用电安全。如图 6-26 所示。

图 6-26　海尔 60 升健康抑菌横式电热水器

2. 海尔魔镜

海尔魔镜又称智慧镜，是将电子元件集成在普通浴室镜里面，比普通浴室镜更厚，更适合嵌入式安装。镜子四角呈圆角状，镜面边缘采用金属包边，避免磕碰划伤。采用抗氧化电镀高清镜面，6H 高硬度水晶级玻璃，高透耐磨 AF 防指纹膜，超高清显示技术，智能语音助手，可以实现魔镜与用户的语音交互和语音控制。由于镜面材质原因，经常触摸镜面容易留下指纹。

唤醒屏幕后，主界面设有"本地天气""室内环境""热水温度""健康档案""娱乐系统"5 个界面，如图 6-27 所示。其中"室内环境"和"热水温度"需要在安装带有 WiFi 功能的家电之后，方可联动控制浴室内的灯光、排气扇、浴霸、热水器。当人体探测器检测到人进入浴室之后，里面的灯、风扇、浴霸等相关设施都可以通过海尔魔镜进行控制，并且魔镜还具备检测室内环境的功能，根据分析结果调整室内灯光照明和室温等。不仅如此，海尔魔镜还可以把智慧浴室中各个模块信息反馈到显示区域，就连语音点歌、看电影都可轻松实现，如果用户站在智慧浴室内的体脂秤上，他的体重、体脂等身体数据立即显示在魔镜当中，并给用户一份健康管理建议。

图 6-27　海尔魔镜

智慧魔镜可自动记录用户每天的健康情况，检测健康状态，并作为大数据连续记录，当健康指标异常，会及时预警，推送健康建议和养生食谱，做用户健康小管家。

洗漱、如厕、护肤化妆、洗浴时，海尔魔镜可以为用户提供休闲娱乐节目浏览及点播，如新闻、音乐、电台、天气、儿歌、动画片等，提供浴室空间的娱乐。

海尔魔镜还可提供实时天气显示，实时日期、时间、天气、气温状况用户一目了然。方便出行、工作和生活安排。

6.2.5　智慧阳台

智慧阳台是以洗、晒联动为核心功能，以智能人体感应提升生活体验，对衣物、毛巾、鞋、袜等家庭用品提供快速烘干、消毒、除螨，通过增加负氧离子浓度来净化居家空气、去除甲醛及烟尘，为用户提供兼顾功能性、休闲性、舒适性、美观性等阳台增值方案。海尔智慧阳台分全功能阳台、休闲阳台、生活阳台三大系列，包含花园阳台、萌宠阳台、茶歇阳台、学习阳台、亲子阳台、健身阳台和休闲阳台 7 个场景。用户在阳台就能体验到从运动健身到休闲娱乐再到衣物洗护的全过程，如图 6-28 所示。

1. 智慧洗衣机

在智慧阳台中，海尔直驱洗衣机作为核心智能家电，通过与干衣机联动，实现了洗涤、烘干一步完成，无须晾晒。节省出来的阳台空间，可用于开发健身、亲子、萌宠等新场景，为用户带来阳台生活新方案。下面介绍一款滚筒洗烘一体机，滚筒洗涤容量为 10 kg，蒸汽

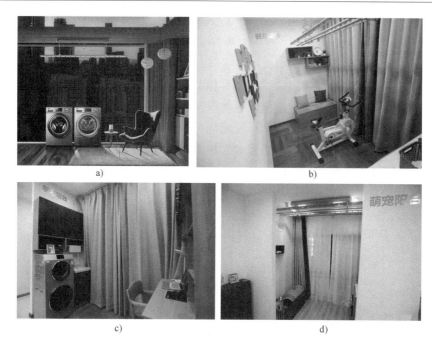

图 6-28 智慧阳台

a) 全功能阳台　b) 健身阳台　c) 学习阳台　d) 萌宠阳台

烘干容量为 7 kg，采用 BLDC 变频电机，运行平稳、噪声更低，如图 6-29 所示。

图 6-29 海尔某型号 10 kg 滚筒洗烘一体机

洗涤方面，配有微蒸汽空气洗功能，适合不能水洗也不愿意干洗的衣物。该机利用 360°微蒸汽循环热风，深入纤维杀灭细菌，带走异味；还可选择"香薰"程序，利用高温蒸汽小分子，将香氛散发至衣物纤维内部，使衣服清香舒展；筒内微润湿度，按摩式洗护衣服，健康又精致；采用了 60℃ 蒸汽除菌螨，用物理方式有效去除纤维深处的细菌和螨虫，守护家人健康穿衣；精准控制内筒转停比，洗净比为 1.08，配合光滑弹力筋内筒，降低磨损，让衣物洁净的同时对衣物柔护加倍；为娇嫩的衣物特设超柔洗，衣物随水流托举轻柔洗涤，配合低至 40 转的洗涤转速，给衣物轻柔的呵护，娇贵的真丝也能在家机洗；根据衣物材质不同，该机设了 5 档温度和 4 档转速，随需而选适宜温度和转速。

烘干方面，采用智能蒸汽烘干，通过 65~85℃ 立体循环风，均匀深层次地透过衣物，带走水分，减少褶皱。同时配合变温烘干，令衣物蓬松柔软，平整有型。

2. 电动晾衣架

电动晾衣架相比于传统的晾衣架增加了自动升降、照明、杀菌、负氧离子风、干衣等功能，既能起到晾衣服的作用，还能兼顾灯具使用，使得阳台吊顶更美观、更整洁，成为智慧阳台的主要产品之一。

电动晾衣架使用方便、稳定、快捷，即使小孩、老人或孕妇，都能轻松操作；最大承重负荷增大，能挂更多衣物和被子；具有烘干和杀菌功能，碰到阴雨天气的时候，可及时烘干内衣内裤；具有语音控制功能，喊一声晾衣架会自动下降到适合的高度，待用户挂上衣服之后便会自动回升；有些晾衣架搭配湿度传感器，当湿度比较高时它就会自动开启风干模式；还有人体传感器，当有人走近的时候，晾衣架上的 LED 灯就会自动亮起。安装在阳台上的电动晾衣架如图 6-30 所示。

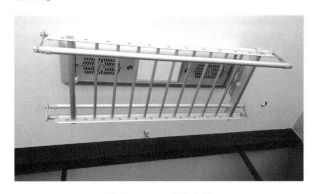

图 6-30　电动晾衣架

3. 风雨传感器

风雨传感器可以自动感知空气中的风速和雨量，当感知到下雨或是风速过大时会联动智能窗帘、窗户等设备，避免刮风下雨时雨水和脏物刮进室内，其外形如图 6-31 所示，安装方法如图 6-32 所示。

图 6-31　风雨传感器

a)   b)

图 6-32　风雨传感器安装示意图

a）竖装　b）横装

6.3　海尔全屋智慧用水方案

海尔全屋智慧用水方案包括纯净饮水、软化用水、生活热水和家庭采暖 4 个方面。纯净饮水是指对入户自来水进行初步过滤颗粒、重金属以及除氯、杀菌等，让用户享受健康的饮水；软化用水系统可以去除水中的钙镁离子，降低水质硬度，让用户享受到洗澡更美肤，洗衣更柔护的用水；生活热水不再是简单的满足用户洗澡，而是涵盖了舒适洗浴、健康洗漱、洁净如厕三大场景；家庭采暖可根据不同户型（别墅、平层、公寓）提供多能源的采暖方案。

6.3.1　纯净饮水

纯净饮水由前置过滤器、净水机和管线机等设备配合完成，保障全家用水健康安全。

1. 前置过滤器

自来水从水厂到家庭的运输过程中容易产生泥沙、铁锈、固体悬浮物等二次污染杂质，前置过滤器采用 $40 \sim 70\ \mu m$ 精细不锈钢材质过滤网，可高效拦截泥沙等颗粒杂质，确保生活用水的纯净健康；过滤网可拆卸，清洗方便；滤芯寿命到期，及时提醒更新；人性化设计，水压显示，同时延长其他净水产品的使用寿命。如图 6-33 所示。

2. 净水机

海尔净水机采用 3 芯 5 级过滤，深度净化水质，滤除水中的余氯、有机悬浮物质、三氯甲烷等有害物质；RO 膜加超滤膜双膜净化，滤除病毒细菌和重金属；智能自清洁；卡接滤芯，换芯方便；厨用、直饮双出水，淘米、洗菜厨房用净水，直饮、煲汤等用纯水。如图 6-34 所示。

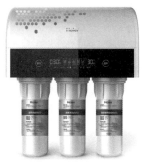

图 6-33　前置过滤器　　　　　图 6-34　海尔净水机

3. 管线机

管线机又名管线饮水机，一般用于家庭、办公室、学校等，配合净水设备使用，其中内置蓄水 PE 水箱，清洁的水提前放在 PE 水箱，再通过加热胆加热和制冰胆制冷，制热水和冷水供人饮用。经过管线机的直饮水，清澈剔透，无水垢，口感更好。即热即饮，加热效果实时显示，如图 6-35 所示。

6.3.2　软化用水

软化用水分为洗涤软化用水与护肤软化用水，洗涤软化用水一般有中央净水机和中央软水机，护肤软化用水在中央净水机和中央软水机的基础上还需增加美颜保湿洗脸机。

1. 管道式中央净水机

海尔管道式中央净水机采用活性炭复合滤芯，可去除水中的余氯、三氯甲烷、四氯化碳、耗氧量、异色异味及吸附大分子有机物等杂质；同时有效滤除水中泥沙、铁锈、悬浮物、胶体、红虫等。

该净水机选用 304 不锈钢材质、橡胶漆涂层，耐磨耐刮擦，耐腐蚀，使用寿命长；不需插电，无废水，安装即用，环保更省钱；体积小流量大，41.6 L/min，能满足厨房、洗手间多处同时用水的需要，提高全屋用水质量，如图 6-36 所示。

图 6-35　管线机

图 6-36　管道式中央净水机

2. 中央软水机

海尔某款中央软水机采用罗门哈斯进口树脂，交换容量约 2.1 eq/L，效率高、寿命长，无须维护，开盖加盐即刻恢复软化能力；出水量为 1.2 t/h，满足大中户型、3~5 口人用水需求；配备旁通阀，硬水软水可以一键切换；支持逆流再生技术，避免盐桥现象，再生更充分，更加省盐省水；搭载干盐箱技术，延长盐箱使用寿命；全自动控制系统，LCD 显示极简操作，便捷使用，设置好后，机器自动运行，用水不等待，白天过滤硬水，半夜树脂反洗再生，保证过滤效果，如图 6-37 所示。

图 6-37　海尔某款中央软水机

3. 美颜保湿洗脸机

海尔研制了一款美颜保湿洗脸机，可为婴幼儿和敏感肌肤人群提供健康纯净的护肤软化用水。该机通过冷水滤芯和热水滤芯过滤后，能改善水的酸碱度，使自来水呈弱酸性，有利于保护皮肤；并能去除多余的氯，使自来水的余氯含量降到了 0.02 mg/L，适合母婴幼儿用水；对水中颗粒物的过滤净化效果显著，软净一体，为用户提供能保湿、滋润、促进皮肤营养吸收的优质软水。如图 6-38 所示。

　　　　　a)　　　　　　　　　　　b)　　　　　　　　　　c)

图 6-38　美颜保湿洗脸机

a）正面　b）顶部　c）接水口

6.3.3　生活热水

生活热水包括浴室洗澡和厨房洗涤两部分，其中浴室洗澡是以智慧镜作为显示、触控和语音交互设备，在 U+技术平台的支持下，实现了整个浴室的灯光、风暖、排风、热水器等智能设备与智慧镜的互联互通，为用户带来多维度的智慧、健康、便捷的卫浴体验。有关智慧镜和热水器的介绍可参看 6.2.4 节的内容。

6.3.4　家庭采暖

海尔智慧采暖系统分别设计了别墅、大平层、普通、小户型等 12 个不同户型的采暖场景，以及燃气壁挂炉、空气能、太阳能等多能源的采暖方案。其中卡萨帝采暖炉的智能温控器会采集室内温度数据，用户通过手机就能与智能温控器互联，分时段控制采暖温度，还能预约采暖，提前暖房，进门即暖。主动关怀让家更有"温度"。

卡萨帝 CL3 系列采暖炉采用三分段燃烧技术，分段燃烧，易调节，恒温效果好。最小功率低于 3 kW，燃烧比可达到 1:10。不仅更省燃气，而且温度控制更精准，可有效实现夏天水不烫，冬天水不冷，四季恒温热水；卡萨帝 CN5 系列采暖炉采用全预混冷凝燃烧技术，使得燃气空气混合后充分燃烧，还利用二次冷凝技术，将烟气中的余热回收，提升热效率，天然气直接节省 26%，热效率高达 107%，达到国家一级能效。而充分燃烧的另一直接好处就是废气排放量低，其氮氧化物的排放低于 30 mg/（kW·h），达到国际最高五级排放标准，如图 6-39 所示。

采暖炉不仅满足家庭采暖需求，还能提供生活热水。通过三点控温技术，采暖炉可精准达到响应温度，提供舒适的恒温热水。此外，采暖炉内置银离子杀菌水路滤网，杀菌率达99.9%，保证健康洗浴。

图 6-39　卡萨帝采暖炉

6.4　海尔全屋空气方案

海尔全屋空气方案运用互联网、云计算、大数据等技术，通过传感器感知家里的空气、人体数据，上传到云端，经过云平台的判断处理后，自动调节家里的温度、湿度、洁净度、清新度，使家里空气始终保持在健康、舒适的状态。

6.4.1　健康空气

后疫情时代，人们对居住空间的需求发生了变化，"品质生活"逐步成为越来越多人的追求。健康空气对每个家庭都至关重要，海尔洗空气空调在恒温的同时，还能调节湿度，增加天然负氧离子和水分子，去除毛絮、灰尘、细菌、异味、尘螨、花粉、PM2.5 七大空气污染物，为室内持续送去如雨后般清新的健康空气。有关空调的介绍可参看 6.2.1 与 6.2.2 节的相关内容。下面主要介绍海尔新风除湿机与空气魔方净化卫士。

1. 海尔新风除湿机

潮湿的空气会令霉菌、病菌快速繁殖，导致墙壁、家具受潮，墙面产生黑色斑点等，经常生活在潮湿的环境中，大量的湿气很容易侵入人体，造成体内寒湿聚积，久而久之，就会给身体健康造成危害，海尔新风除湿机智能高效除湿，快速带走空气中的多余水分，让室内湿度始终保持在人体比较舒适的湿度值，保证室内空气干爽洁净，避免室内潮湿影响家人健康。

海尔新风除湿机集新风、除湿、净化三种功能于一体，除湿后可自动切换到新风模式，留住家里的干爽，换进无菌的新风。通过 UVC 紫外线强力除菌，活性炭过滤网吸附异味，医用级 HEPA 滤网过滤掉 99% 的 PM2.5，将室外空气中的细菌、病毒、灰尘、花粉有效去除，抵制室内空气二次污染，同时，微正压送风技术，24 小时不间断循环引入活氧，释放具有"空气维生素"之称的健康负离子，让室内空气时刻保持舒鲜活力，有效改善全屋空气质量，如图 6-40 所示。

a)   b)

图 6-40　海尔新风除湿机

a）正面　b）背面

2. 空气魔方净化卫士

海尔空气魔方净化卫士采用椰壳活性炭加 RCD 高效除甲醛，洁净不污染，净化时间缩短 30%；13 级医用级 HEPA 滤网，厚度达 40 mm，PM2.5 去除率超过 99% h（30 m³）；平铺悬浮式结构，比传统竖式分布结构更均匀，360°环绕送风结构，全面清洁空气，呼吸更安全；专业除霾，高效去异味，六重过滤网彻底净化空气，在家也可感受到大自然的清新空气。

该设备还可以 App 远程操控，智能 WiFi，可以推送天气、出行建议。五彩光环可视监控 PM2.5，具有自检报修功能，享受科技带来的自由便捷，如图 6-41 所示。

6.4.2　智慧空气

图 6-41　空气魔方净化卫士

海尔全屋智慧空气解决方案主要体现在以下 3 个方面，即实时显示全屋空气质量；语音控制全屋空气及全屋空气自监测、自处理等。

空气指标实时可见是通过室内空气质量检测设备（如温湿度一体化传感器、可燃气体传感器、烟雾传感器、多功能环境监测器等）实时监测室内的空气质量，并传送到云端，由云端收集处理后，再将空气质量信息在电视、手机、智能终端上显示。

语音交互控制是通过智能音箱控制空调等智能设备，如说声"小优小优，我要睡觉"，智能音箱联动窗帘会自动关上，卧室灯自动关闭，空调自动调节适宜睡眠的温度和洁净度，让你睡得更香甜。如果室内温度过低，音箱会主动提醒并调整温度；还可语音查询在线天气、出行信息、产品功能等知识。

全屋联动是指对室内温度、湿度、洁净度、清新度实现智能自动调节，它通过检测设备实时监测室内的空气质量，并传送到云端，再通过云计算大数据分析，反馈指令到达家中空调等设备，对超标的空气问题进行相应的处理。如在卧室检测二氧化碳含量超标时，空调就会自动开启新风功能，将新鲜空气输送到卧室。

另外还有其他智慧功能，如自动记录睡眠曲线、智慧节能、空气质量与能耗报告、空气质量超标提醒、滤网或蒸发器清洁提醒、一键语音报修等。

6.4.3 九大定制场景

2021 年 8 月 17 日，海尔空调发布全屋空气定制场景方案，包含客厅、卧室、厨房、衣帽间、儿童房、老人房、卫浴、影音室、地下室九大家庭专用空间。客厅、卧室是家庭主要活动空间，空气环境普遍更受重视。然而在其他空间，却仍有因空气问题而带来的生活烦恼。比如厨房做饭要忍受弥漫的油烟；卫生间用完会飘出难闻的异味；地下室更是常年潮湿逼仄，让人不想进入。

海尔空调的全屋空气方案，以九大定制场景满足用户专属空间内的空气需求。在厨房里，空调采用抗油烟、耐腐蚀、易清洗的专业选材，即便是煎炸爆炒，也能享受到清凉和舒适；在养生老人房，空调搭载双极离子除菌技术，一键焕新空气；在客厅空调内搭载了 56℃除菌自清洁功能，通过高温除菌不仅空调干净了，出风也变得清新了；在卫浴空间，空调实现冬季不聚湿，低温情况下除湿不降温， 年四季都能享受干爽清新。

海尔空气网从客厅、卧室、厨房等 9 个生活场景出发，为用户提供多种健康智慧空气解决方案，实现全屋空气焕新。

6.4.4 全屋空气管理平台

全屋空气专属定制使用户的家庭空气焕然一新，凭借全屋空气管理平台，实现对用户体验层面的智慧升级和高效服务。

依托平台管理，海尔空调可以主动感知、主动服务，承担起家庭"空气管家"的角色。在客厅中，空气质量被实时感知，一旦发现关键指标（温度、湿度、含氧量等）出现异常，就能联动全屋空气设备进行主动调节。如在客厅看电视时，当空调检测到 PM2.5 超标，空调自动开启净化，在电视屏上同步显示室内 PM2.5 数值下降，空气质量为优。同时，人的需要也能被提前感知，只需说一句话，空调便能闻声识人，提供风吹人、风避人等专属空气服务。例如天玺空调采用智慧人体感温科技，配合两套独立送风系统，能根据同一环境下不同个体冷热需求智能调节吹风模式，一次吹出多种风。

此外，管理平台的建立不是让用户来挑，而是为用户定制；不是流量平台，而是可持续、可迭代的体验平台。它承接对场景、生态的全面推进，实现了从空调到空气，从智慧场景到全屋空气定制的赛道转换，满足用户温度、湿度、洁净度、清新度的多维度好空气需求。

6.5 海尔部分智慧场景简介

6.5.1 回家场景

用户下班回到家时，通过智能门锁（指纹/门禁卡/密码）开门，门打开后，玄关灯慢慢亮起，安防撤防；室内的摄像头拍照片发送信息提示家庭某成员到家，信息发到所有家庭成员账号 App，用户点击信息跳转到信息页面。

指纹门锁能实现个性化定制化回家场景，千人千面，定制自己专属的回家场景。如女主人回家后，音箱播放专属问候语，并播放女主人歌单，执行专属回家模式（灯光打开（略亮），打开电视、空净，关闭窗帘）；男主人回家后，音箱自动播放女主人欢迎录音，执行专属回家模式（打开客厅灯光（略暗），打开电视新闻频道，关闭纱帘）。

也可喊一声："嗨，小优，我回来了。"便可进入回家模式：灯光亮起、窗帘缓缓关闭，净界空调吹出柔和舒适的风；也可根据用户健康呼吸信息（App 输入），空调、加湿器或除湿机、新风净化器可启动定制化呼吸方案。

6.5.2 离家场景

对着智能音箱说一句"我要出门了"，家中灯光关闭，窗帘打开，安防系统启动，扫地机器人开始工作，清扫房间地面。

6.5.3 就寝场景

对着智能音箱说一句"小优，我要睡觉了"，客厅空调关闭，连接卧室场景，灯光、窗帘关闭，卧室空调进入睡眠模式，安静无噪声，安防启动。

晚上起夜，小夜灯还能随之感应亮起，非常人性化。

6.5.4 起床场景

预约起床的时间到了，音箱音乐响起，房间内的窗帘拉开，灯光自动打开；或者对着音箱说："小优小优，我起床了。"此时室内灯光亮起，窗帘慢慢拉开，空调关闭，开启新的一天。

6.5.5 浴前预暖

用户对着智能音箱说一句："小优小优，我要洗澡。"热水器回复："好的，浴前预暖场景已启动。"此时热水器开机，将水温设置到用户最喜欢的舒适温度，智能联动浴霸开启暖风模式。

6.5.6 浴后排湿

用户说一句："小优小优，我洗完澡了。"此时热水器启动浴后排湿场景，浴霸关闭取暖，打开换气模式，并持续 1 分钟后关闭。

6.6 海尔智家工程案例

6.6.1 工程概述

业主李先生的家是典型两居室户型，主要包括玄关、客厅、厨房、卫生
间、主卧室、次卧室，室内面积 85 m²。通过和李先生沟通，最终确定采用智能灯光控制、
智能窗帘控制、智能家电控制、远程控制、情景控制、背景音乐和家庭安防功能。该案例是
全屋智能家居最基本的应用，户型如图 6-42 所示。

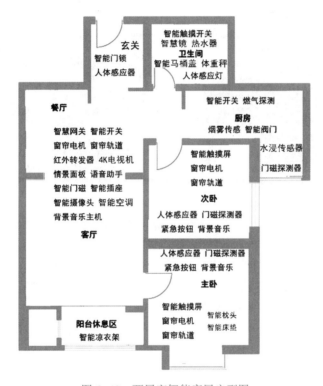

图 6-42　两居室智能家居户型图

6.6.2 设备设置

1. 玄关

玄关安装智能门锁与人体红外感应器。主要功能实现人脸识别、指纹、密码、刷
卡、机械钥匙，手机 App 6 种开锁方式，3 重防盗的功能，不仅开锁方便快捷，更为居
家环境提高了安全保障。智能门锁与人体红外感应器还可联动多种智能场景模式，如
当指纹开锁时，室内灯光自动亮起，窗帘拉开，空调和电视也自动开启；经过玄关后，
灯光自动熄灭。

出门经过玄关，如果光线不够亮，玄关处的灯光自动打开；经过玄关后，灯光自动熄
灭；进门后安防系统撤防；出门时安防系统布防；智能门锁还可以和客厅的背景音乐联动，

经过指纹辨识开门后，主人预先设定好的音乐轻轻响起。如果有客人到访，主人不在家，可通过智能手机远程验证，获取临时密码开门，客人无须等待主人来开门，同时家里主动撤防，如图 6-43 所示。

2. 客餐厅

客餐厅的主要设备有智慧网关、智能开关、窗帘电机、窗帘轨道、红外转发器、情景面板、语音助手、智能门磁、智能插座、智能摄像头、4K 电视机、智能空调和背景音乐主机，如图 6-44 所示。

图 6-43　访客到访远程验证

图 6-44　客厅部分设备

客餐厅作为一家人或会客的主要活动区域，最能体现智能家居品质生活的价值。智能网关是智能家居的"心脏"，具备智能家居控制中心及无线路由器两大功能，其外形参看图 6-13；智能开关可实现灯光智能化控制，窗帘电机和窗帘轨道则让窗帘进行自动开合，在红外转发器的作用下空调、电视等红外设备也能完成智能操控。情景面板则可以自定义设置多种不同的场景需求的智能控制模式，只需轻轻碰触，多种智能设备同时自动完成场景所需要求，如按下情景面板观影模式，窗帘自动关合，灯光关闭只留下部分氛围灯，电视和音响自动开启，营造一个良好的观影氛围；语音助手通过语音控制各种场景模式，也可以单独控制某种智能设备，当双手拿着东西或者不想按按钮时，语音助手非常好用。

在智能手机上下载安装海尔智慧家居 App 后，在 App 端能多屏信息互联互通，实现视频监控、灯光电器控制、报警信息接收等多项功能，让用户更好地享受安全、健康、舒适、便捷的智慧生活服务。如用手机控制电视机画面如图 6-45 所示。

智能摄像头可进行监控摄像与及时抓拍。通过手机连接互联网云，直接观看家中监控影像，保证出门在外也可随时随地查看家里的情况，客厅安装的智能摄像头如图 6-46 所示，智能手机上的视频监控画面如图 6-47 所示。

客餐厅的灯光采用了当下比较流行的无主灯设计，回家后，通过门锁联动或情景面板，执行"回家场景"，客厅的灯光打开，窗帘拉上，空调开启，电视或背景音乐系统启动，另外根据不同的季节启动不同的照明模式，如"夏天模式""冬天模式"，并支持语音对灯光、窗帘、电器等设备的控制。客厅灯光效果如图 6-48 所示。

图 6-45 用手机控制电视机画面

图 6-46 客厅安装的智能摄像头

图 6-47 智能手机上的视频监控画面

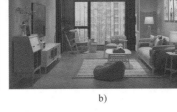

a)   b)

图 6-48 客厅灯光效果

a)"会客"模式 b)"休闲"模式

3. 主卧/次卧

主卧/次卧的主要设备有智能触摸屏、智能枕头、智能床垫、智能床头柜、智能空调、窗帘电机、窗帘轨道、门磁探测器、人体感应器、紧急按钮、背景音乐。

主要功能是早上起床，优美的背景音乐缓缓响起，窗帘自动打开，再也不用被传统闹钟叫醒。到了晚上，躺在床头享受自己的阅读时光，通过智能触摸屏打开夜读模式，房间主灯、电视等关闭，床头灯打开，夜读氛围一气呵成；晚安模式，所有灯光关闭，窗帘自动关合，空调温度自动调至适宜温度，确保主人一夜好眠。按下"起夜"模式，卧室的小夜灯缓缓点亮，而不会打扰伴侣的休息，同时通向卫生间的走廊灯光也已经亮起。在主人经过后，灯光自动熄灭。

智能枕头和卧室壁挂空调能够实现空枕联动，智能枕头可以实时监测睡眠者的体征信息，并通过对信息的分析，调节空调的稳定，保证最舒适的睡眠环境。而智能床垫能根据睡眠者的睡姿，调整床垫软曲度，让其最适合睡眠者的睡姿，并可以将睡眠数据同步到电视上，进行睡眠分析。

如果发生危险的事情，可以触动紧急按钮报警。报警时，触摸屏显示报警区域，拨打指定的电话，并发送报警信息到指定的 Email，输入密码，可以消除报警。

在主卧/次卧安装门磁探测器和人体感应器，当有人非法入侵时，系统会立即发出报警声，并拨打预先设置好的电话报警。

主卧安装的窗帘电机与窗帘轨道如图 6-49 和图 6-50 所示，次卧安装的智能触摸屏如图 6-51 和图 6-52 所示。

图 6-49　窗帘电机

图 6-50　窗帘轨道

图 6-51　次卧室门边安装智能触摸屏

图 6-52　智能触摸屏

4. 厨房

厨房主要设备有嵌入式燃气灶、触摸按键吸油烟机、智慧冰箱、净水器、智能开关、燃气探测器、烟雾传感器、水浸传感器、智能阀门和门磁探测器，如图 6-53 所示。

图 6-53 厨房

主要功能是实现进厨房灯光自动打开，通过燃气探测器、烟雾传感器、智能阀门、门磁探测器和溢水传感器组成厨房安防系统，当厨房燃气或烟雾指数超标时，燃气探测器或烟雾传感器会自动探测到，并通过智能网关输出指令，发出警鸣声，同时海尔智家 App 立即收到报警通知，提醒主人及时处理。与此同时，智能阀门自动把燃气管道关闭，避免更严重的火灾发生。智能阀门如图 6-54 所示，手机上收到燃气泄漏信息如图 6-55 所示。

图 6-54 智能阀门

图 6-55 手机上的报警信息

当有人非法入侵时，门磁探测报系统也会自动发出报警声，并拨打预先设置好的电话报警；当水龙头忘记关，洗碗盆溢水时，溢水传感器探测到后，通过智能网关输出指令，发出警鸣声，提醒主人及时处理。同时海尔智家 App 则立即收到报警通知，提醒主人及时处理。

厨房内的智慧冰箱实现干湿分储、智能人感交互、具有创新智能大屏交互系统，只需WiFi连接，就能轻松实现高品质影音娱乐、QQ视频聊天、人机语音交互、智慧食材管理、餐厅菜谱推荐、一键网购食材等功能，用手机查看菜谱学炒菜如图6-56所示。

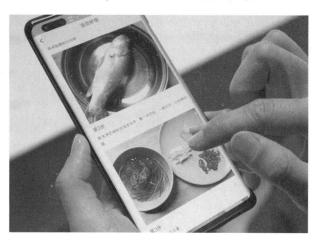

图6-56　用手机查看菜谱学炒菜

5. 卫生间/浴室

卫生间/浴室的主要设备有魔镜（智慧镜）、智能热水器、智能马桶盖、体重秤、智能触摸开关、人体感应灯等。

智慧镜可以监测家人的体脂、肌肤等，并作为大数据连续记录，当体重偏轻或偏重、皮肤干燥时，马上会提醒用户，并能给出相应的解决方案；智慧镜可以和家中热水器无线互联，通过智慧镜进行热水的控制，同时可以学习用户的热水习惯，提前定时定量加热洗浴及生活热水；还可以检测浴室的温度、湿度、亮度、空气质量等，并根据用户的习惯自动调节浴室环境状态，还可为用户提供天气、路况等资讯的提醒和查询；智慧镜可以为用户提供休闲娱乐节目浏览及点播，如新闻、音乐、电影、电视、足球、朋友圈等，给大家提供极致的娱乐及享受；智慧镜还可以与检测仪、体重秤等智能设备联动，通过云端进行数据分析和健康建议，时刻管理自己的肌肤和身体健康，智慧镜如图6-57所示。

图6-57　卫生间的智慧镜

上厕所时，浴霸会自动开启排风模式去异味；起身离开以后，排风延时关闭。智能马桶盖带有智能座圈感应系统，人体落座之后，机器自动感应，可以自动加热到人体适宜的温度。

每次如厕后智能马桶的水洗功能代替传统的手纸进行清洁，更容易消灭引发传染病的病毒、细菌、真菌或寄生虫。智能马桶盖如图 6-58 所示。

图 6-58　智能马桶盖

当有人进入洗手间，人体感应灯自动缓缓亮起，这样，即便在黑暗时，客人也不需要寻找开关了。使用时，也可以通过智能触摸开灯关灯。

智慧镜能通过语音交互，联动智能热水器，通过语音"我要洗澡了"，热水器自动调节温度。洗浴完毕，也可以通过语音指令控制热水器的关闭，并联动智能浴霸进行排湿。智能热水器如图 6-59 所示。

图 6-59　智能热水器

6.6.3 场景控制

场景定制是海尔智家的发展方向,在物联网时代智慧生活方式一定会步入千家万户。本案例根据业主个性化的需求和喜好,从全宅智能整体出发,定制了符合业主生活习惯的智能家居场景。业主可免除复杂的操控流程,实现一键回家、一键离家、一键会客、一键睡眠等场景控制。

本案例中的场景控制有手机控制、语音控制和智能触控面板控制3种方式。

1. 手机控制

手机控制要先在智能手机上下载一个海尔智家App,就可以用手机实现场景控制。在手机上手动执行场景界面如图6-60所示。手机操作画面如图6-61所示。

a)　　　　　　　　　　b)

图6-60　手动执行场景界面

a) 会客模式等　b) 关闭音乐等

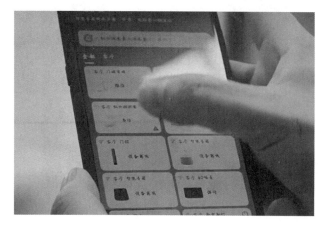

图6-61　手机操控场景画面

2. 语音控制

在客厅及卧室设置有智能音箱，实现全屋语音交互，除了全屋的设备及智能场景的控制外，还提供了听歌、讲故事、预告天气等功能，如图 6-62 所示。

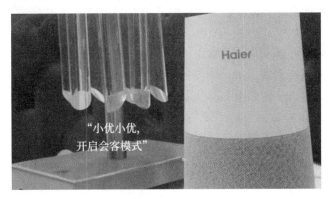

图 6-62　智能音箱

3. 智能触控面板

海尔智能触控面板包括魔方面板和卡萨帝智能触控面板，其外形除图 6-9 和图 6-52 所示正方形外，还有如图 6-63 所示长方形。海尔智能触控面板是家庭智慧中心，也是场景控制的一个主要的控制端口。采用智能触控面板控制，用户可自定义各种场景模式，例如启动睡眠模式后，窗帘自动关闭，空调和灯光调至最舒适的状态。

图 6-63　卡萨帝智能触控面板外形

实训 6　参观海尔智家体验店

1. 实训目的

（1）了解海尔智家体验店的主要功能。

（2）了解海尔智家的网络构成。

实训 6　参观海尔智家体验店

（3）熟悉海尔智家的主要控制方式。

（4）掌握海尔智家的组成。

2. 实训场地

参观学校附近的海尔智家体验店（体验中心）。

3. 实训步骤与内容

（1）提前与海尔智家体验店（体验中心）联系，做好参观准备。

（2）分小组轮流进行参观。

（3）由教师或体验店（体验中心）人员为学生讲解。

4. 实训报告

写出实训报告，包括参观收获、遇到的问题及心得体会。

思考题 6

1. 简述海尔智家的五大空间场景。

2. 简述海尔全屋用水方案中的关联产品。

3. 简述海尔全屋空气方案中的关联产品。

第7章 Aqara 绿米全屋智能家居

本章要点

- 了解 Aqara 绿米全屋智能家居。
- 熟悉单相线取电技术、Mars-tech 火星技术、方舟技术。
- 熟悉 Aqara 绿米全屋智能家居的部分新产品。
- 熟悉 Aqara 绿米全屋智能家居的低功耗传感器。

7.1 Aqara 绿米全屋智能家居概述

Aqara 是深圳绿米联创科技有限公司（简称绿米联创）旗下全屋智能品牌，Aqara 的名字源自拉丁语 Acutulus "聪明"和 Ara "家"，寓意"智慧的家"，致力于创造润物细无声的智能生活体验，打造千人千面的全屋智能生活方式。

Aqara 产品覆盖 30 多个品类、500 多个 SKU，主要包括智能网关、温湿度传感器、人体传感器、门窗传感器、水浸传感器、烟雾与天然气报警器、智能插座、灯控开关、智能调光、窗帘电机、摄像机、智能门锁、空调伴侣、生活电器等，任选搭配组合便可实现智能安防、智能灯控、环境监控与调节、家电控制、智能遮阳晾晒等全屋智能联动，打造以"场景"为控制方式的智慧家庭生活。Aqara 绿米智能家居产品框架如图 7-1 所示。

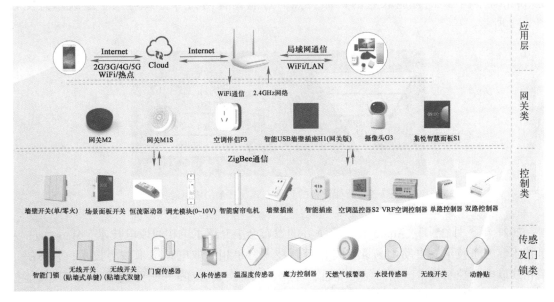

图 7-1 Aqara 智能家居产品框架图

Aqara 产品可接入苹果智能家居（Apple HomeKit）、小米米家、谷歌助理（Google Assistant）、亚马逊语音助理（Amazon Alexa）等多个平台，与全球众多智能产品互联互通。Aqara 产品是可以覆盖 HomeKit 全屋智能的厂商。

2017 年 12 月，首创智能家居 4S 服务体系，分别是方案展示（Solution）、产品销售（Sales）、用户服务（Service）、交流反馈（Survey），提供到店体验、方案定制、安装调试到售后维护的一整套全屋智能定制服务。Aqara 线下店从"产品销售"转变成"智能生活方式普及者"的角色。目前，Aqara 已落地 600 多个 Aqara Home 智能家居体验馆，覆盖国内 490+ 城市和地区。

绿米联创负责人指出：绿米一直深耕智能家居物联技术与人工智能及大数据应用，打造的全屋智能是聪明的，它可以"做你不想做的事情""做你做不到的事情""猜你想要做的事情"。人跟家的"交互方式"是智能家居是否"智能"的重要体现。把家赋予"人"的属性，使家更懂你，实现跟家的自然交互是 Aqara 追求的目标。未来的家应该是智慧的，人与智能家居之间，应当如同与亲人、同事相处一般，可以感知我们的眼神、手势、表情、语言……所有的一举一动都可以传递信息，所有的交流都是自然而然发生的，智能家居关心我们的生活，了解我们的喜好，随时准备为我们提供服务，并且时间越长，对我们的了解就越深入，服务也就越发贴合我们的心意，是一种润物细无声的状态。

Aqara 的全屋智能通过"信号/物理驱动""事件驱动"和"知识驱动"三种方式来打造各种无感知的控制场景与适老关怀、儿童看护及宠物识别场景，利用各类传感器与多种控制能力和人工智能与大数据相结合，实现千人千面的智能生活场景，在智能家居产品与系统中做到了"做你不想做的事""做你做不到的事""猜你想要做的事"的智慧生活场景。当前在"做你不想做的事情"和"做你做不到的事情"是目前大部分智能设备已实现的场景，但第三层"猜你想做的事情"，却是目前智能家居行业发展最大的障碍，Aqara 利用环境感知和需求感知，实现在人工智能设备上达成知识驱动的能力，这也是 Aqara 有别于其他智能家居的产品特点。智能设备的三种方式与三个层级示意图如图 7-2 所示。

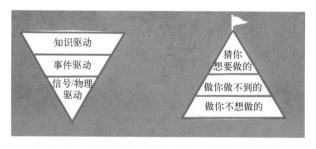

图 7-2 智能设备的三种方式与三个层级示意图

2021 年 5 月 25 日，Aqara 在北京举办的发布会上介绍了单相线取电技术、Mars-tech 火星技术、方舟技术（自动化场景容灾）等新技术。单相线取电是绿米核心技术，它解决了单相线取电的控制技术，只需要将普通非智能开关替换成 Aqara 单火开关就可以实现智能控制。Mars-tech 与方舟技术解决了从单个设备、点对点到大系统的稳定性问题，实现了行业内稳定可靠的 ZigBee 智能家居控制系统。为了适应不同的使用环境，Aqara 还拓展了数十种物联协议，覆盖 WiFi、BLE、ZigBee、LoRa、NB－IoT、Matter、UWB、433MHz、KNX、Modbus、PLC、Modbus 等通信协议，并把 ZigBee 作为核心重点广泛应用。

Aqara 在会上发布了为全屋智能而生的智能管家及品牌形象大使"小乔"，它可使用语音唤醒并且通过语音命令对全屋智能的设备以及自动化、场景进行控制、还能查询天气与设备状态，语音定时、延时控制等。小乔还将支持语音自动化配置、连续对话、声纹面容识别功能。小乔通过自主 AI 学习能力，能在复杂场景中对复杂句式进行精准信息提炼，并触发相应场景，能够通过深度声学识别技术，熟知每个人的声音和面孔，并执行专属自动化与场景，从而解决了智能家居自动化场景控制的痛点，这也是 Aqara "更懂你的全屋智能"的体现。

Aqara 的 QIAO UI 系统在 MagicPad 全屋智能妙控屏系列中亮相，并为用户呈现整套 Magic Anywhere 个性化全屋智能妙控体验，包括语音、手势、无线开关、魔方、旋钮和无感识别等多种控制体验，从而解决传统智能家居过于依赖手机和开关面板的问题。

智能摄像机 G3（网关版）是首个支持设备本地 AI 手势识别、宠物识别算法的 AI 智能网关摄像机，也是首个能够通过后期的 OTA 升级实现更多的应用场景和 AI 识别能力提升的 AI 网关摄像机。它不仅可以作为普通的安防摄像头使用，还能够根据用户的手势控制不同的智能设备，甚至可以自动识别陌生人、家人和宠物，并进行追踪拍摄。

作为摄像机网关的补充，Aqara 还推出了家用级的毫米波雷达。它在充分保护隐私的同时，可以实现室内空间占用检测、行动方向检测、距离变化检测以及空间定位等功能。让智能家居场景不再只是简单的人来灯亮、人走灯灭，可以做到精准判断室内有人无人，人的具体位置与行走方向，从而实现精准和无感的控制方式，让用户享受更好的个性化智能体验。

在此次发布会上，Aqara 带来了无线全屋调光 Pro，进一步丰富了 Aqara 无主灯系列产品，涵盖筒射灯、偏光灯、泛光灯、格栅灯、折叠格栅灯、吊线筒灯、双色温灯带、霓虹灯带、COB 灯带、线性灯带等近 20 款无主灯灯具，满足绝大多数的全矩阵沉浸式无主灯设计。

2021 年 9 月 9 日，Aqara 宣布将支持 Matter 协议，让 Aqara 的产品可以与全球支持 Matter 的设备互联互通，摆脱因平台、系统不同带来的困扰，实现不同品牌产品间的协同工作，为用户提供更丰富的全屋智能体验。

Aqara 作为一家新兴的智能家居产品与系统软件供应商，目前已宣布了对 Matter 的承诺，计划向全球消费者提供各种与 Matter 兼容的产品。他们将通过软件更新（OTA）将 Matter 集成到其现有的家庭控制中心——Aqara M1S 和 M2。更新后的 Aqara M2 和 M1S 将使某些新的和现有的 Aqara 设备与 Matter 兼容。

首批兼容 Matter 的 Aqara 设备将包括最新的传感器、墙壁开关和智能插座。对于当前的 Aqara 智能家居用户，Matter 集成不会影响当前的系统，用户可以继续享受 Aqara 现有 ZigBee 设备的相同功能和优势。

全屋智能品牌 Aqara 获得界面安心奖"2021 年度全屋智能品牌"、艾瑞金瑞奖"2021 年度最佳创新企业"、雷锋网"2021 年 AI 最佳壁垒成长奖"、维科杯 OF week 2021（第六届）物联网行业与人工智能年度评选的"最具成长力企业奖"等。

Aqara 绿米全屋智能家居生态链企业众多，标准较为统一，品类齐全，智能化场景多，有着深厚的技术积淀，是国内用户的首选之一。

7.2 三项核心技术

Aqara 产品的核心技术主要有三项。0.05 W 单相线取电技术，解决智能开关单相线供电问题，支持 3~800 W 灯具。Mars-Tech 火星技术，即多负载类型强适应高可靠开关技术，解决开关关断后智能灯离线断网的问题。方舟技术解决了云端自动化、局域网跨网关自动化、单网关本地自动化、代理节点自动化等问题。

7.2.1 单相线取电技术

单相线取电技术是智能家居中的智能开关中最重要的组成部分，单相线取电工作示意图如图 7-3 所示。

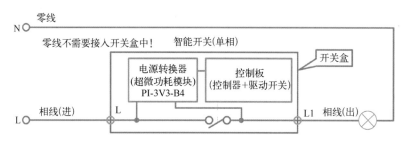

图 7-3　单相线取电工作示意图

图 7-3 中单相线电源模块 PI-3V3-B4 负责把 220 V 的电网电压变成 3.3 V 的稳定的低压直流输出，供控制电路（如控制芯片、无线模块等）使用。

Aqara 绿米单相线 ZigBee 智能开关是在 ZigBee 协议基础上开发的由单相线供电的开关，它是 ZigBee 技术与单相线取电技术的完美结合。单相线取电技术解决了智能开关的"免布线"安装问题。由于国内的普通墙壁开关布线大多都只是一根相线，而现在常规的智能开关是零相线开关，需要两根线给它供电，因此安装智能开关就需要重新布设零线，十分麻烦且成本高昂。使用 Aqara 单相线智能开关，就可以解决这个难题。

7.2.2 Mars-Tech 火星技术

Aqara Mars-Tech 也叫火星技术，它是多负载类型强适应可靠开关技术的英文缩写，可以解决开关断电后还能操控智能灯的问题，即智能灯永不离电，断电不断联，是 Aqara 继单相线取电技术后又一次技术突破。Aqara 火星技术在保持传统控制方式下创造性实现了安全、高效且稳定的短时延智能控制体验。

Aqara 火星技术是由智能开关面板与智能灯共同实现的，智能灯的开和关是通过智能开关转发无线 ZigBee 信号或脉冲信号来控制的，同时开关保持通电状态，而不是像普通智能开关那样控制电源的通断，其原理见表 7-1。

表 7-1　Aqara 智能灯控制原理

灯 具 类 型		控 制 方 式
普通灯		控制电源通断
智能灯	Aqara 智能灯	转发无线命令，开关不断电
	可脉冲控制智能灯	发送瞬时断电脉冲

Aqara 开关面板状态指示与负载同步，如室内智能灯开启后灯亮，开关面板上的指示灯同时亮起。智能灯关闭后不亮，开关面板上的指示灯也同时暗下。平时用手单击面板开关关断电源，智能负载（灯具）不会离线，处于非强行关断状态，此时可通过智能手机 App 或语音控制，或者魔方控制器等对智能负载（灯具）进行控制，控制反馈效率极高，用户体验非常好。如果用手双击面板，可强行关断电源，此时智能负载（灯具）不带电，可更换智能负载灯具或进行检修。

7.2.3　方舟技术

方舟技术是 Aqara 自主研发的自动化场景容灾技术，目的是确保智能家居网络的稳定性，让智能设备本地化组网，可以实现 ZigBee 子设备成为代理节点，在网关异常或断电时，Aqara 方舟技术能保持设备之间的操控正常运行。也就是说当智能设备在网络出现故障断开后，或者网关出现故障不能工作时，ZigBee 信号较强的 Aqara 智能子设备可立即代替网关，自行组网，实现在网关断网或网关异常不工作时仍能确保全屋智能设备的本地自动化场景的稳定控制，保障智能家居系统稳定运行。

7.3　部分新产品简介

7.3.1　Aqara 全自动智能猫眼锁 H100

Aqara 全自动智能猫眼锁 H100 是一款定位于家庭场景，主打极致开锁体验，全天候智能守护的智能门锁，面向的主力用户群体是对新事物有较高接受度且有一定经济基础的 80 后和 90 后。产品外观如图 7-4 所示。

产品同时支持接入苹果 HomeKit 和 Aqara Home App，搭配其他智能设备可以进行丰富的场景联动，享受更智能便捷的场景体验。App 操作界面及功能设置如图 7-5 所示。

主要功能如下。

（1）全自动开锁：指纹+全自动锁体实现一触即开的极致开锁体验，减少用户下压开锁和上提上锁的步骤，让智能更进一步。

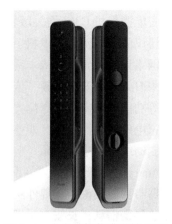

图 7-4　全自动智能猫眼锁 H100

图 7-5　App 操作界面及功能设置

（2）智能猫眼：1080P 高清摄像头为用户提供全天候智能守护，集成人体传感器，智能识别逗留人员和访客，随时随地进行远程直播通话或抓拍视频查看。

（3）6 种解锁方式：支持指纹、密码、临时密码、NFC 卡、苹果 HomeKit、钥匙开锁，适合不同人群需求。

（4）门锁异常情况上报：当门口有人逗留、门锁被撬、锁芯异物插入、指纹密码试错次数过多时，门锁立即将异常信息推送至用户的手机，用户可以第一时间了解情况，及时采取措施，保护家人和财产安全。

（5）场景联动：搭配其他智能设备可以进行丰富的场景联动，享受更智能便捷的场景体验。如开锁同时联动回家模式开启，关锁一键联动离家模式。

7.3.2　Aqara 智能摄像机 G3（网关版）

智能摄像机 G3（网关版）是 Aqara 推出的首款云台型监控摄像机，是采用了 ZigBee3.0 通信协议的智能网关摄像机，支持 2K 超清视频和 2.4/5 GHz 双频 WiFi，SOC 中内置 NPU 神经网络计算单元，支持丰富的 AI 识别功能，并且依托 OTA 实现智能技能升级服务，并支持苹果 HomeKit 安全视频。依托自动云台，可执行常看位置设置、视频巡航路径规划、智能跟踪等功能，还支持云台位置断电记忆的实用功能。通过内嵌红外遥控模块，可学习和代替各类家电的遥控器操作，如空调、电视、风扇、投影仪等，是 Aqara 全新一代家庭安防和智能控制的综合性中枢产品。

Aqara 智能摄像机 G3（网关版）外观造型设计更加拟人化，装有镜头、光电传感器、传声器与功能按键，按键外圈为 LED 状态指示灯。设备开机状态下，长按 3 s 功能键即可推送紧急告警信息，长按 10 s 即可重置网络并解绑设备，快速连续按功能键 10 次即可恢复出厂设备，如图 7-6 所示。

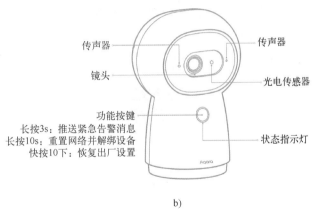

传声器 —— 传声器

镜头 —— 光电传感器

功能按键
长按3s：推送紧急告警消息
长按10s：重置网络并解绑设备
快按10下：恢复出厂设置
—— 状态指示灯

a)　　　　　　　　　　　　b)

图 7-6　Aqara 智能摄像机 G3

a）外形　b）前视图

Aqara 智能摄像机 G3（网关版）采用 H264 编码，拥有 2304×1296 像素的分辨率，具备 360°云台，支持 SD 卡录像信息保存。还支持苹果 HomeKit 的 iCloud 云录像存储功能。它采用 940 nm 无干扰红外补光灯，适应黑暗环境，当环境光线不好时，也能看清所拍摄的内容。摄像头支持物理遮蔽功能，休眠自动收起镜头到顶部，保护隐私安全。

Aqara 智能摄像机 G3（网关版）搭载了 AI 智能芯片，通过 AI 智能算法，可以智能识别人脸、手势、人形、物体、宠物，自动跟随抓拍及异常声音检测。举个简单的例子，家中无人时，当摄像机检测到异常声音时，摄像机可自动播放报警声音，录制小视频并发送到手机上，实现家里的安全守护。G3 最大的优点是支持手势智能识别，支持多达 5 个静态手势，如"二、四、五、八和 OK"的手势控制，在 Aqara Home App 中可配置不同手势来执行各种自动化场景，可以实现用一个手势动作，控制全屋 Aqara 智能设备。App 界面及智能 AI 识别功能如图 7-7 所示。

图 7-7　App 界面及智能 AI 识别功能

在安装方式上，除了最常用的平放外，Aqara 智能摄像机 G3（网关版）在机身底部设置了一个标准的螺纹接口，可以支持倒装等安装方式，再搭配 2 m 长的电源线，能适应多种安装环境，如图 7-8 所示。

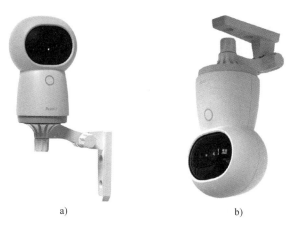

a)   b)

图 7-8 Aqara 智能摄像机 G3 的安装方式

a）壁装 b）倒装

7.3.3 Aqara 智能网关 M1S

Aqara 网关 M1S 是全屋智能家居设备的"控制中心"，拥有高安全性、开放性、兼容性和稳定性，可以收集 ZigBee 设备信号、发送控制指令、实现 ZigBee 子设备之间的智能联动。

Aqara 网关 M1S 采用的是 ZigBee 3.0 通信协议，支持更多子设备的接入，通过中继功能，单个网关最多可同时接入 128 个子设备，一个 Aqara 网关 M1S 就能满足全屋智能的所有设备互联互通，其外形如图 7-9 所示。

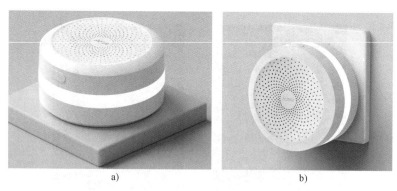

a)   b)

图 7-9 Aqara 网关 M1S

a）侧面 b）顶部

Aqara 网关 M1S 支持 Apple HomeKit、米家 App 和 Aqara Home 多平台，用户可以通过不同平台的 App 进行智能家居设备的控制，非常方便。

Aqara 网关 M1S 还自带 RGB 小夜灯，灯光颜色及亮度可随心调节，通过与人体传感器组合，可实现人来灯亮、人走灯灭的场景体验；通过与无线开关组合，可充当智能门铃；通过与门窗传感器组合，可起到居家安防作用；通过和水浸传感器组合，可实时检测家中是否有漏水问题，并及时发出警报。App 功能界面如图 7-10 所示。

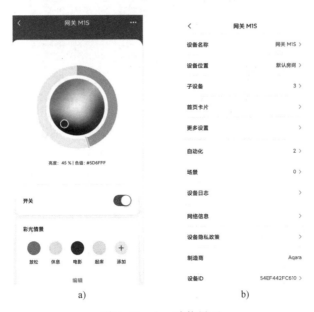

a) b)

图 7-10　App 功能界面

a）网关 M1S 首页　b）功能设置

7.3.4　Aqara 空调伴侣 P3

Aqara 空调伴侣 P3 是一款同时支持 Aqara Home、Apple HomeKit 或小米米家的空调控制器，可将传统空调改造成智能空调，实现远程控制空调，实时查看空调状态等，也可以作为 16A 大功率智能插座使用，控制电源的通断。同时还支持 Siri 语音控制、电量统计等功能。它也是一款 ZigBee 3.0 网关，可添加多款 ZigBee 子设备，例如开关、插座、传感器等，从而实现多种智能联动场景。空调伴侣 P3 外观简约，做工精巧，产品荣获德国、美国、日本和中国义乌工业设计大奖。产品外观如图 7-11 所示。

空调伴侣 P3 安装方便，直接插在空调插座上即可，安装方式如图 7-12 所示，它的主要功能如下。

图 7-11　空调伴侣 P3

（1）自带 ZigBee 网关功能，不需要另外配置网关，并带多种报警铃声，发生异常情况时可及时报警。

（2）远程控制空调，并根据人体夜间睡眠规律，通过 App 中的"安睡模式"设置夜间不同时间段的温度调节曲线，让人睡得舒服的同时节约用电，如图 7-13 所示。

（3）家电红外控制，除了支持空调外，红外码库已支持电视、网络盒子、机顶盒、风扇、音箱等超过 8000 个型号的家电，实现普通家电智能化。

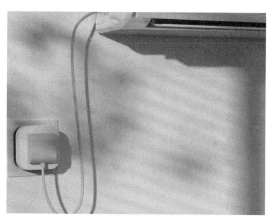

图 7-12　空调伴侣 P3 安装方式

（4）可当大功率智能插座使用，可控制电暖器等 16 A 大功率电器，当检测到电器功率异常，Aqara 空调伴侣（升级版）自动切断电源，保证用电安全。

（5）具有电量统计功能，可实时监测用电功率，通过 App 可查看每天/每月的用电情况，帮助管理家庭能源情况，如图 7-14 所示。

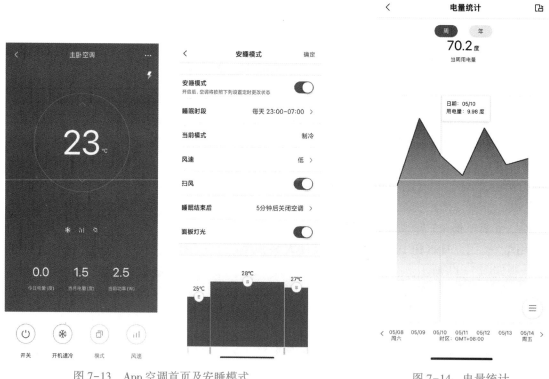

图 7-13　App 空调首页及安睡模式　　　　　图 7-14　电量统计

（6）可搭配传感器实现场景联动，如搭配人体传感器和温湿度传感器，当室内有人且温度过高或过低时，自动开启空调，并自动调节室内温度，保证室内温度舒适。

7.3.5　Aqara 集悦智慧面板 S1（小乔智慧面板）

智能管家"小乔"于 2021 年 5 月 25 日推出，它不仅是智能家庭控制中心，也是智能语音助手，可以通过语音直接控制智能家庭设备。"小乔"在 Aqara 全屋智能家居中以"妙控屏"的形式安装在家里墙壁上，采用 86 型国际标准，外形尺寸为 86 mm ×86 mm，无须改造，可与 Aqara 系列开关插座产品组合搭配，支持联排边框安装，宛如墙上的艺术品。"妙控屏"边框有两种颜色，分为黑色和白色，如图 7-15 所示。当你靠近"妙控屏"时，它会自动亮起，人走自动熄灭。可自定义待机界面，满足千人千面的不同需求。在"小乔"上可自定义最常用的场景模式，一键触发，如图 7-16 所示。用户可用语音唤醒"小乔"后，通过语音对全屋智能设备进行直接控制、场景控制、定时延时控制等，还可进行天气查询与设备状态查询。

a)　　　　　　　　　　　　　　b)

图 7-15　智能管家"小乔"

a）黑色边框　b）白色边框

图 7-16　安装在墙壁上的"小乔"

"小乔"能像家人般自然交流，听得懂，也更懂你。比如通过人体传感器感知到用户体温上升时，通过自动化与场景配置或者 AI 智能摄像机 G3，实现"小乔"自动调整空调温度。用户躺在沙发上小憩一会时，"小乔"会根据预设联动功能实现自动调整室内灯光到更加舒适的氛围。当家中无人时，"小乔"会根据 Aqara 各类传感器信号结合 AI 算法判断家中无人，自动进入警戒模式，安全守护用户的家。

"小乔"能够在复杂场景中对复杂句式进行精准提炼，准确地实现用户期望的使用场景。它熟悉每个家庭成员的声音和面容，通过深度声学、面容识别技术认出家人，并根据家庭成员不同的喜好，来执行专属的自动化场景。"小乔"内置 AI 学习计划，每一次的交流都能让小乔对你的了解更进一步。Aqara 将于后续开放"小乔"AI 学习平台，将你的创意变成"小乔"的本领，越用越聪明。

"小乔"支持语音、触控、隔空手势、App 操控家里的智能设备，其中"隔空手势"能实现非接触式控制。同时它支持 ZigBee 3.0 通信协议、拥有双频 WiFi 和以太网端口，可与 ZigBee 3.0 设备搭配使用，实现更稳定、低功耗、可靠的智能家庭。另外，在丰富的苹果智能家庭（Apple HomeKit）体系中，"小乔"可实现智能联动，用 iPhone、iPad、Apple Watch、HomePod 内置的 Siri 进行语音控制。

"小乔"还支持分布式视频流功能，显示 Aqara 智能猫眼锁和 Aqara 智能摄像机等实时视频图像数据。当有人拜访时，可通过"小乔"在"妙控屏"中查看猫眼锁的实时视频图像与其他房间的 Aqara 摄像机视频图像，并且还可以进行实时通话，如图 7-17 所示。

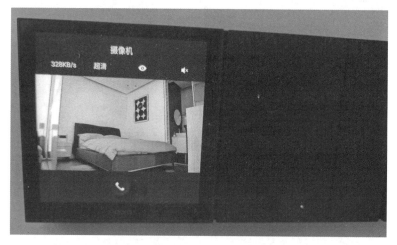

图 7-17　智能摄像机的画面

7.3.6　Aqara 智能场景面板开关 S1

Aqara 智能场景面板开关 S1 是一款科技与艺术的融合之作，正面和边框均采用了黑色磨砂设计，质感较好，它的尺寸和一般的开关尺寸一样为 86 mm×86 mm×43.7 mm，采用的是 ZigBee 3.0 通信协议。配有 3.95 in 多彩 IPS 显示屏的智能面板，具有设备控制、场景控制和远程控制等多项功能，如图 7-18 所示。

在面板周边有空气格栅，实现散热功能，如图 7-19a 所示。背面便是凸起的元器件部分（灰色），共有 5 根接线柱，从左到右分别是零线（N）、相线（L）、L3/L2/L1，如图 7-19b 所示。从接线柱上可以看出两点，一是可以实现三路控制，负载功率共 2200 W，二是需要接零线，这点非常重要，因为有的接线盒里没有预留零线。智能场景面板开关 S1 与智能管家"小乔"最大区别在于，后者是一个语音系统，并集成网关，负责全屋智能人机交互控制，背面接线柱只有零线（N）和相线（L），而前者是可带三路总功率为 2200 W 负载的智能面板开关，见图 7-19b。

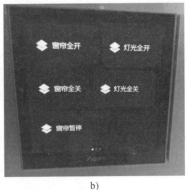

a)　　　　　　　　　　　　　b)

图 7-18　智能场景面板开关 S1

a）彩色屏　b）显示场景

a)　　　　　　　　　　　　　b)

图 7-19　智能场景面板开关 S1 背面

a）空气格栅　b）接线柱

　　智能场景面板开关 S1 内置有光感红外二合一传感器，当人体靠近面板时，显示屏会自动唤醒，同时可根据环境亮度自动调节指示灯光亮度与色温，还能实时显示日期时间、天气、空气质量、温度等信息。此外还支持控制空调、灯光和窗帘等多个设备的自动化场景联动。用户通过手机 App 自定义专属智能场景，定义后在智能场景面板开关 S1 上就能实现面板上一键控制家庭多种 Aqara 设备。例如，轻触回家模式，便能让灯光开启、拉起窗帘、空调启动；离家时一键启动安防模式，摄像头、人体传感器和门窗传感器自动进入布防状态，实时监测家中情况。

　　智能场景面板开关 S1 已接入 Apple HomeKit，可用 iPhone、iPad、AppleWatch、HomePod 内置的 Siri，语音控制家中灯光和场景。同时，还支持 AI 手势方向识别，挥手即可向左、向右翻页。

　　智能场景面板开关 S1 采用强弱电分离的模块化设计，维护方便，塑料面板采用 V-0 级阻燃材料，耐高温，安全可靠，支持过温过载保护，当面板外接负载功率超过额定功率时，面板自动断电，保护设备安全。

7.3.7 Aqara 智能墙壁开关 H1

Aqara 智能墙壁开关 H1 系列开关为 Aqara 高端开关产品系列，外观融合科技与艺术，金属漆工艺，磨砂质感，精致优雅，斩获德国 IF 和红点等国际设计大奖，支持接入苹果 HomeKit 和 Aqara Home App，产品如图 7-20 所示。

图 7-20 智能墙壁开关 H1

智能墙壁开关 H1 是基于 ZigBee 3.0 无线通信协议的产品，可以控制灯光、电机等设备电源的通断。搭配网关之后，可以通过手机 App 远程控制灯光，设置多组定时控制，可以与其他智能设备搭配实现更多联动控制的效果；其中零线开关还具备中继功能和电量统计功能。App 界面如图 7-21 所示。

图 7-21 App 操作界面及开关功能设置

主要功能如下。

（1）支持联排框架安装，前端面板和后端底座可分离，可自由组合并实现无缝拼接，美观大方。

（2）采用微动按键结构设计，键程更短，触发压力更小，按键更清脆，手感更好；按压次数可达 15 万次，按键更耐用。

（3）带有过温过载保护，发现异常情况自动告警并断开电源，保护开关。

（4）按键可转无线开关使用，同一个开关的按键，既支持直接控灯，也可以当无线开关使用，通过单击、双击和组合键的方式联动其他智能设备和场景。

（5）具有电量监测功能，通过 App 查看开关连接灯具的实时功率和用电统计，并生成功率曲线图，直观了解家中照明用电情况，帮助管理家庭能源。

（6）按键指示灯可控，通过 App 设置按键指示灯亮灭，如晚上睡觉时关闭指示灯，避免影响休息。

（7）具备 ZigBee 网络中继功能，可有效扩展家中 ZigBee 网络信号覆盖。

7.3.8　Aqara 魔方控制器 T1 Pro

魔方控制器 T1 Pro 有 6 个面，可分别设置不同的场景模式，如可以设置第 1 面朝上时的起床模式，第 2 面朝上时的睡眠模式，第 3 面朝上时的电影模式，第 4 面朝上时的专注模式，第 5 面朝上时的休闲模式，第 6 面朝上时的阅读模式。还可以关联更多的自定义场景，比如工作模式、会客模式、上班模式等。其外形如图 7-22 所示，App 操作界面如图 7-23 所示。

图 7-22　魔方控制器 T1 Pro　　　　图 7-23　App 操作界面

除了上述场景模式外，Aqara 魔方控制器 T1 Pro 还支持动作模式，提供了 6 个操控动作，即用手把魔方推一推、摇一摇、转一转、敲一敲、翻转 180°与翻转 90°，便智能操控全屋智能设备。比如推一推魔方控制器便实现对走廊灯的开与关，无须再摸黑找灯。摇一摇魔

163

方控制器便开启工作模式，书房的灯光会自动打开，并将空调温度调至适宜的温度，助力用户进入工作状态并且保持热情。将魔方控制度旋转 180° 进入睡眠模式后，全屋灯光、窗帘自动关闭，空调开启自动调节模式，为用户营造一个良好的睡眠环境。用手将魔方向左或向右旋转，客厅投影幕布下降，室内灯光调整，窗帘或幕布展开或关闭，调节室内环境进入到观影模式，当用户看完电影后，将魔方翻转 90° 又回到了原来的模式。还可以拿起魔方"摇一摇"，将室内智能设备恢复到白天或晚上的访客模式。还可以用手敲一敲，便可关闭全屋灯光。

其实所有动作的执行都源于魔方的内部构造采用具有加速度计和陀螺仪的高精度、低能耗 6 轴传感器，通过传感器计算出魔方控制器的运动状态和运动轨迹，执行场景变化。

Aqara 魔方控制器 T1 Pro 采用的是 ZigBee 3.0 协议来进行连接，因此必须搭配 ZigBee 3.0 网关，才能实现自动化场景控制。Aqara 魔方控制器 T1 Pro 是一款能接入苹果智能家居（Apple HomeKit）的智控魔方，它可以联动控制支持 HomeKit 的产品，从智能安防、智能灯控到智能遮阳等帮助用户实现全屋联动，享受舒适的全屋智能家居生活。

7.3.9 Aqara 智能睡眠监测带

Aqara 智能睡眠监测带是一款智慧康养产品，能有效对睡眠中的老人或家人进行监测，从心率、呼吸率、体动数、睡眠状态等全维度监测睡眠核心指标，输出全天睡眠质量分析报告，让用户及时了解家里老人的睡眠情况。它还可以联动家里的灯光、窗帘、音箱、香薰机等设备，营造出更舒适的入睡环境，从而提高睡眠质量，让老人或家人"睡个好觉"。智能睡眠监测带外形如图 7-24 所示。

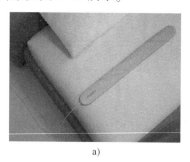

a)   b)

图 7-24 智能睡眠监测带

a）平放 b）竖立

Aqara 智能睡眠监测带采用亲肤环保材质，无毒无味，自然亲肤。所用材质均通过国家严格的 SRRC 认证，符合欧盟 CE 与美国 FCC 标准，孕妇小孩都可安心使用；采用专业级压电薄膜传感器，比传统传感器更加灵敏，精确采集各项睡眠数据，准确性达 95% 以上。Aqara 智能睡眠带可以让用户告别穿戴设备的异物感与不适感，躺在床上即会启动监测睡眠状态。纤薄防滑设计的传感带，可放置于床单下，即铺即用，自然舒适。Aqara 采用 AI 睡眠分析技术，对睡眠情况进行实时分析，并提供专业睡眠质量报告，同时记录用户的睡眠趋势，以便了解每晚的睡眠质量。睡眠分析越用越准确，通过大数据积累和 AI 人工智能算法分析，根据用户的睡眠特征，不断优化睡眠监测算法，越用越准确，可全方位记录用户睡眠时的数据，量化睡眠情况，甚至可以实时监测睡眠周期，判断用户是处于浅睡眠、深睡眠还是 REM 周期，用户可掌握各项睡眠数据。智能睡眠带 App 睡眠监测及睡眠报告如图 7-25 所示。

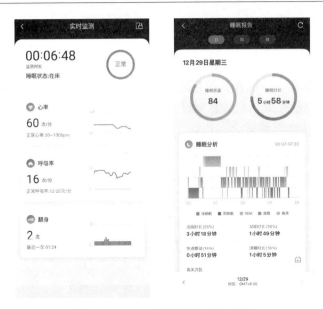

图 7-25　App 睡眠监测及睡眠报告

　　Aqara 智能睡眠监测带可联动家中其他智能设备，实现场景化睡眠体验。如早晨，当用户处于浅睡眠期时，在设置的起床时间段内自动播放音乐或闹钟，同时窗帘自动打开，让用户从晨光中自然醒来，精神一整天。晚上，当用户躺在床上准备入睡时，联动灯光变暗，播放舒缓的助眠音乐，放松身体，帮助更好入眠。在夜晚，当用户睡着后，自动将夜灯缓缓变暗直至关闭、助眠音乐音量缓缓调低直至关闭，并调节空调到合适温度，营造舒适的睡眠环境，提升睡眠质量。

7.4　Aqara 低功耗传感器

　　全屋智能需要建立全方位的智能家居感知系统，这就需要一系列高精度、低功耗、性能稳定、体积小的无线传感器，Aqara 的 ZigBee 传感体系包括人体、门窗、空气检测、温湿度、水浸、烟雾、天然气、光照度和动静贴传感器等低功耗产品。

　　Aqara 主要从低功耗电子元器件选型、可靠与可管理的电源硬件方案设计、严谨的电源管理手段和自主的设备操作策略等四个方面使传感器设备的节能功耗最优。例如，在电源管理方面，可以让设备自动睡眠或将不需要的功能关闭，同时在设备工作的时候，通过让各个部分的工作状态（工作时间、工作效率与功率等）数值化和最优化，使各个模块既满足功能要求，又缩短工作时间降低整体功耗，最后需要配合系统状态（云端或网关）使设备自动调整工作模式，从而达到降低功耗的效果。

　　下面从几个方面介绍 Aqara 低功耗传感器在智能家居系统中的价值、性能和技术特点：

　　1. 作用与价值

　　（1）Aqara 低功耗传感器种类齐全，通过实时采集环境中的温度、湿度、空气质量以及人的状态等数据信息，实现无感控制、千人千面的用户体验。

　　（2）Aqara 低功耗传感器支持 ZigBee 通信协议，无须布线，安装简捷，可在室内任意位置粘贴安装，后期产品增减方便，使用简单。

2. 产品性能特点

（1）功耗最优最低。Aqara 低功耗传感器在电源器件选材与管理控制、算法能力与睡眠规则等设计上做到了最优，产品在保持稳定可靠工作的前提条件下，功耗做到最低。

（2）小巧精致。Aqara 低功耗传感器设计精美，获得多个国际工业设计大奖，并且产品体积小，家庭摆放与粘贴都很适合。比如，Aqara 门窗传感器外观如图 7-26 所示，只有 1 元硬币的大小。

图 7-26　Aqara 门窗传感器

（3）通信实时性。Aqara 传感器可以在 15 ms 以内将实时事件信息传递到 Aqara 网关，传送数据的效率并不会因为低功耗而有所延误，保证用户体验。

3. 技术特点

（1）电子元器件与工艺技术。选用国内外一线品牌的电子元器件，产品可靠性测试与验证均可达到国内和欧美各种行业标准。

（2）节能环保。Aqara 秉承绿色节能环保理念，产品外观构件、ID 设计等均按国内外环保标准进行选材与设计，Aqara 多款传感器产品均不需要螺丝进行装配。

（3）电源管理与睡眠技术。Aqara 传感器产品采用严苛的电源关闭与睡眠算法技术，对产品的用电进行精密的计量与测算，以确保传感器能获得电池供电长续航能力。安装了 CR1632 型号纽扣电池的传感器最少满足两年的续航能力，安装了两个 CR2450 的传感器可获得 5~7 年的续航能力，安装了 CR17450 电池的传感器可获得长达 10 年的续航能力。

7.4.1　Aqara 人体传感器 T1

7.4.1　Aqara
人体传感器

人体都有恒定的体温，一般在 37℃，所以会发出 10 μm 左右的特定波长红外线。人体红外探测器就是靠探测人体发射的 10 μm 左右红外线而进行工作的。红外线通过菲涅尔透镜聚集到红外感应源上。红外传感器通常采用热释电元件，这种元件在接收的红外辐射温度发生变化时就会向外释放电荷，检测处理后传送到网关。这种探测器是以探测人体辐射为目标的，所以以辐射敏感元件对波长为 10 μm 左右的红外辐射必须非常敏感。为了对人体的红外辐射敏感，在它的辐射照面通常覆盖有特殊的滤光片，使环境的干扰受到明显的控制作用。

Aqara 人体传感器 T1 在人体传感器的功能的基础上还集成了光照传感器，采用 ZigBee

3.0 通信协议，可以实现人来灯亮，人走灯灭。通过感应热量的移动来判断是否有人或者宠物经过，可随时智能感知人或宠物移动方向与远近距离变化。它可以在 15 ms 内响应联动其他设备执行预设场景，使用中感觉不到延迟。光照传感器还能判断室内光线的明暗亮度，为智能照明提供更多联动信息。

把人体传感器分别安置在不同位置，用以感应不同位置进来的家庭成员所需要的场景，比如在进户门人体感应器触发执行回家模式。从厨房门人体感应器可触发餐厅用餐模式灯光。临睡前，客厅的空调已自动关闭，起夜时，有温暖的小夜灯自动点亮。晚上起夜，卧室、洗手间、厨房感应到有人，灯光亮起，一段时间感应无人后自动将灯关闭。

Aqara 人体传感器 T1 支持 Apple HomeKit、米家 App、Aqara Home App 的接入，但 Apple HomeKit 与米家 App 不能同时接入，需要搭配 ZigBee 网关，其外形如图 7-27 所示。

Aqara 人体传感器 T1，由可调整底座及传感器两部分组成，可通过智能手机 App 了解人体传感器的相关记录，如图 7-28 所示。

图 7-27　人体传感器 T1

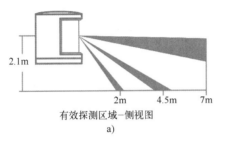

图 7-28　App 查看日志

Aqara 人体传感器 T1 的监测范围是圆锥形，探测距离可达 7 m，探测角度可达 170°，提供高、中、低三档灵敏度选择，可根据自己的需求及不同的应用场景调节合适档位，如图 7-29 所示。

有效探测区域-侧视图
a)

有效探测区域-顶视图
b)

图 7-29　人体传感器的监测范围
a）侧视图　b）顶视图

底座支架可 360°水平旋转，也可调节垂直探测角度。因为能实现 7 m、170°大范围人体感应，所以用 3M 胶水粘贴，原地放置，配合旋转即可覆盖 360°范围。支持平放、竖贴和倒置多种安装方式，如图 7-30 所示。

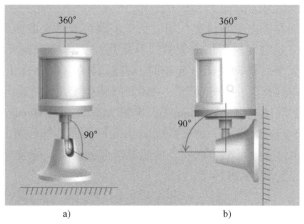

图 7-30 人体传感器的安装方式

a）平放 b）竖贴

7.4.2 Aqara 高精度人体传感器

Aqara 高精度人体传感器是新一代的人体检测传感器，它内置敏感探头、精密放大电路和高密度纹路的菲涅尔透镜，能够检测人体微小的移动，即使静坐不动也能探测准确。基于 ZigBee 3.0 无线通信协议，搭配网关，可以将人体检测事件作为自动化条件，联动其他智能家居设备执行多种智能场景、远程推送提示至手机。支持接入苹果 HomeKit 和 Aqara Home App，产品如图 7-31 所示。

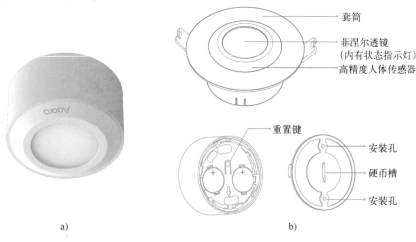

图 7-31 高精度人体传感器

a）实物图 b）结构图

高精度人体传感器可以安装在天花板上，也可以像筒灯一样嵌入到天花板吊顶，检测距离5 m，检测角度60°，检测范围如图 7-32 所示。

相比于传统的红外人体传感器，高精度人体传感器覆盖范围规整、精度高，可以较准确地判断区域内是否有人，提供更好的用户体验。它还可以通过手机 App 查看家中人员移动数据，了解家人日常活动情况，如图 7-33 所示。主要功能特点如下。

（1）超高灵敏度：可以检测微小动作，如 2 m 范围内，即使人静坐不动，只要手指移动 5 cm 以上，即可被识别感应到人体状态，大幅增加了检测频率与人体状态在感应区域的识别成功率。高精度人体传感器的感应间隔时间与灵敏度可调，根据家庭使用场景可调整高中低不同灵敏度与红外扫描间隔时间。

（2）6 年超长待机：超低功耗，两个纽扣电池可实现续航时间 6 年。

（3）嵌入式安装：支持套筒安装，与普通的筒灯一样，可嵌入安装在天花吊顶上，融入家居风格，与天花板浑然一体，美观大方。

（4）应用场景：可安装在客厅、卧室、卫生间、厨房等不同的独立空间，根据有人无人联动不同空间的灯光、窗帘和空调等设备。

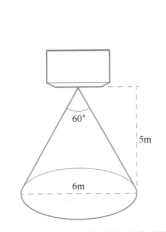

图 7-32　高精度人体传感器检测范围

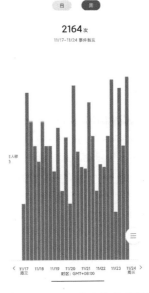

图 7-33　App 内人体移动数据

7.4.3　Aqara 人体存在传感器 FP1

Aqara 人体存在传感器 FP1 是一款人体存在监测和目标实时定位产品，它使用了毫米波雷达技术，是通过 60 GHz 毫米波技术，集动静、空间、距离、方向等侦测为一体的新生代毫米波雷达传感器。人体存在传感器 FP1 可侦测水平角度 120°、径向 5 m 范围内人的实时动态，可侦测人体动态与静态存在信号，可对人动态的左右方向、远近方向输出侦测信号，在室内还具备定位相关的功能。FP1 解决了红外人体传感器必须有人移动才能识别的问题，能对生命体征精准探测和定位，能监测静态人体状态，准确判断有人无人存在场景，并联动其他智能家居设备。产品如图 7-34 所示。

毫米波雷达，是工作在毫米波波段（Millimeter Wave）探测的雷达。通常毫米波是指 30~300 GHz 频段（波长为 1~10 mm）。毫米波的波长介于微波和厘米波之间，因此毫米波雷达兼有微波雷达和光电雷达的一些优点。

同厘米波导引头相比，毫米波导引头具有成像能力强、体积小、质量轻和空间分辨率高的特点。与红外、激光、电视等光学导引头相比，毫米波导引头穿透雾、烟、灰尘的能力强，具有全天候（大雨天除外）、全天时的特点。另外，毫米波导引头的抗干扰、反隐身能力也优于其他微波导引头。毫米波雷达能分辨很小的目标，而且能同时识别多个目标，十分适用于智能家居场景应用。

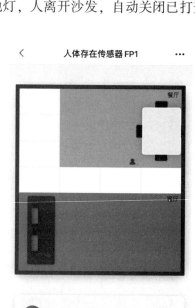

图7-34　人体存在传感器

1. FP1 的功能

Aqara 人体存在传感器 FP1 的主要功能如下。

（1）人体存在：可检测 5 m 范围内静态与动态人体生命体征。

（2）移动方向：可识别人体接近还是远离，向左还是向右移动。

（3）室内定位：追踪人的位置，准确判断人所在的区域。

（4）场景联动：根据人的位置和或状态，根据自动化场景配置，可联动触发以人为中心的各种场景，如当人坐在沙发上，自动打开旁边的落地灯，人离开沙发，自动关闭已打开的落地灯。

2. FP1 的使用场景

Aqara 人体存在传感器 FP1 的使用场景如下。

（1）人体存在传感器可精确判断区域内有人无人，可安装在客厅、卧室、卫生间、厨房等不同的独立空间，根据有人无人状态联动室内的不同空间的灯光、窗帘和空调等设备与自动化场景。

（2）安装在卧室内，划分卧室不同区域，如床、书桌、衣柜等，人进入不同区域触发不同的场景，如人待在床上，打开床头灯，人坐在书桌上，打开台灯等，如图7-35 所示。

（3）结合其他设备进行准确判断，如安装在玄关，结合门锁的动作，准确判断人进门还是出门，从而准确执行回家模式或者离家模式。

（4）安装在洗手间，有人进入，灯光缓缓亮起，马桶座圈自动加热。人离开洗手间，人体存在传感器感应无人后，洗手间灯光自动关闭，马桶座圈停止加热。

图7-35　人体存在传感器区域设置

7.4.4　Aqara 天然气报警器

厨房如果发生燃气泄漏，就有爆炸的危险，及时可靠地检测到空气中的天然气是全屋智能家居必不可少的功能。

目前的天然气传感器主要有催化型和半导体型两种。催化型天然气传感器的核心是由检测元件和补偿元件配对组成电桥的一个臂，遇到天然气时检测元件电阻升高，桥路输出电压变化，该电压变化量随气体浓度增大而成正比例增大，补偿元件起参比及温湿度补偿作用，从而测量出天然气浓度；半导体型传感器主要是以 SnO_2 等 N 型氧化物半导体添加白金或钯等贵金属而构成的。天然气在其表面发生反应引起 SnO_2 电导率的变化，从而感知天然气气体的存在。这种反应需要在一定的温度下才能发生，所以还要对传感器用电阻丝进行加热。

在天然气传感器的基础上再增加一些放大、音响电路，就可制作成天然气报警器。Aqara 天然气报警器内置高精度催化燃烧式气体传感器，采用先进的气体浓度实时检测算法，一旦探测到天然气泄漏时，通过联动网关，不仅可以本地高分贝报警，而且可以把报警消息推送到用户手机，让在外的家人及时了解险情，及时采取行动。Aqara 天然气报警器产品外形如图 7-36 所示。App 告警页面如图 7-37 所示。

图 7-36　天然气报警器　　　　　　　图 7-37　App 告警页面

在智能家居安全中仅能实现天然气泄漏报警显然还是不够的，为了提供更可靠的用气安全，Aqara 天然气报警器可外接多种电磁阀，当检测到天然气浓度超标时，Aqara 天然气报警器可自动关闭电磁阀，从源头切断天然气，并且可以自动联动 Aqara 墙壁开关打开排风扇及时排出泄漏的天然气，时刻保障家庭用气安全。

Aqara 天然气报警器还支持 App 自动自检，不仅如此，通过手机 App 还可以进行远程消音、设备自检、寿命到期提醒等功能，省去用户每月手动检查的麻烦。用户可以在 App 中了解天然气传感器的工作状态，一旦发现异常，及时提醒用户更换天然气报警器。同时，天然气报警器还荣获德国红点设计奖，实现了科技与美学的完美结合。

7.4.5　Aqara 烟雾报警器

烟雾报警器是一种将空气中的烟雾浓度变量转换成有一定对应关系的输出信号的装置，主要用于监测家庭火灾，尤其是在火灾初期、人不易感觉到的时候进行报警。其核心是烟雾传感器。烟雾传感器分为光电式和离子式两种。

光电式烟雾传感器由光源、光电器件和电子开关组成，内部安装有红外对管，无烟时红外接收管接收不到红外发射管发出的红外光，当烟尘进入内部时，通过折射、反射作用接收管接收到红外光，智能报警电路就会判断是否超过阈值，如果超过就会发出警报；离子式烟雾传感有一个电离室，电离室所用人造放射元素镅 241（Am241），强度约 1 微居里，正常状态下处于电场的平衡状态，当有烟尘进入电离室，电离产生的正、负离子，干扰了带电粒子的正常运动，在电场的作用下各自向正负电极移动，破坏了内外电离室之间的平衡，电流、电压就会有所改变。离子烟雾传感器就是通过相当于烟敏电阻的电离室引起的电压变化来感知烟雾粒子的微电流变化装置，从而宏观表现为电离室的等效电阻增大引起电离室两端的电压增大，由此来确定空气中的烟雾状况。

在烟雾传感器的基础上再增加一些放大、音响电路，就可制作成烟雾报警器。Aqara 烟雾报警器采用光电式传感器，可有效检测闷燃火灾。当烟雾浓度达到警戒阈值时，烟雾报警器进入火警模式，发出高分贝渐进音和红色闪光声光警报，3 m 内可高达 80 dB，及时提醒屋内人员采取措施。烟雾报警器选用高品质阻燃材料，强效阻燃抗高温，有效保护内部元件，在发生火灾时能够有效工作。

Aqara 烟雾报警器是一款通过感知烟雾来探测火灾的独立式光电感烟火灾探测报警器，具有国家强制性产品认证证书。当监测区域烟雾浓度达到报警值时，报警器将立即发出声光报警信号，并通过连接的 ZigBee 网关，向 App 发送通知。也可以实现报警信号产生时联动家庭设备，达成第一时间的安全预处理功能。如断开天然气电动阀、断开天然气智能表、断开安全电源、打开室内应急通风排烟设备等。

Aqara 烟雾报警器还能通过 Aqara IoT 平台实现与物业或更高一级安全服务平台联动，报警事件产生后即时与物业或已对接的安全平台联动，及时排除警情。Aqara 烟雾报警器及 App 告警页面如图 7-38 所示。

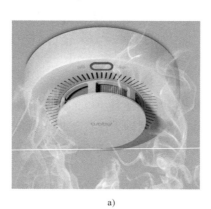

图 7-38 烟雾报警器

a) 产品外观 b) App 告警页面

Aqara 烟雾报警器产品主要功能如下。

（1）烟雾浓度检测：当监测区域烟雾浓度达到报警值时，设备将立即发出强烈声光报警信号，并通过附近的 ZigBee 网关推送报警信息至 App。

（2）设备自检：可通过按键或 App 检查设备是否正常工作，告别传统手动自检的烦恼。

（3）故障提醒：当设备故障时，设备将主动通过指示灯和蜂鸣器做出提醒，同时通过手机 App 发送故障通知。

（4）消音：告警时，可通过按键或者 App 远程关闭报警音。

（5）超长续航：10 年超长续航，远远超出同类产品电池续航时间（3~5 年），安全又省心。

（6）低电量提醒：当电池电量低时，设备将通过指示灯和蜂鸣器做出提醒，同时通过手机 App 发送电池低电量通知。

（7）联动报警：当一个设备火灾报警时，可联动其他烟雾报警器设备发出告警指示。

通过手机 App，Aqara 烟雾报警器可以与其他智能设备进行联动，实现进一步安防监控及采取应急措施，防止更大损失。比如，Aqara 网关+智能插座+烟雾报警器，当发现险情时，立刻断开电器电源，保护用电安全；与 Aqara 智能摄像机 G3 联动，可以实时传送画面，不在现场也可查看具体险情。还有更多自动化场景。

7.4.6 Aqara 门窗传感器 P1（门磁探测器）

门窗传感器又称门磁探测器，它安装在门窗上，主要工作原理就是通过传感器上的磁力感应来判断门窗的开合状态。Aqara 门窗传感器增加了一个光敏传感器，这个传感器的主要作用就是当门窗传感器感应到环境光变暗时，可通过手机 App 联动智能灯从而实现智能联动场景。例如：将 Aqara 门窗传感器放到家里的大门上，当光敏传感器感应到夜晚来临时，随着你打开大门就能实现开门全屋亮灯；门窗关闭时，实现关门全屋关灯。同时，用户也能通过手机 App 查看门窗开合信息，实时掌握家中状况。Aqara 门窗传感器 P1 外形如图 7-39 所示，App 操作界面如图 7-40 所示。

7.4.6 Aqara
门窗传感器

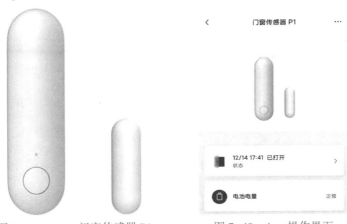

图 7-39　Aqara 门窗传感器 P1　　　　图 7-40　App 操作界面

由此可见，与普通单一的门窗传感器相比，Aqara 门窗传感器 P1 除了能实时判断门窗开合状态外，还可以通过手机 App 记录门窗开合信息，并联动智能灯实现智能场景。Aqara 门窗传感器 P1 还搭载了一块 $1400\,\mathrm{mA\cdot h}$ 的大电池，配合超低功耗传感器技术，续航时间高达 5 年之久。为了满足不同用户的使用需求，Aqara 门窗传感器 P1 升级了可调节安装距离，它有三档可调节的距离，能够让主体和副体进行更多的安装距离调节，也能够适配现在市面上大多数的门窗，且左右开门都不受影响。

Aqara 门窗传感器 P1 还支持安卓系统及 Apple HomeKit 平台，可与其他智能设备搭配使用，让无论是安卓用户或是苹果用户都能通过远程操作对家中安全了如指掌。

7.4.7 Aqara 温湿度传感器 T1

温湿度传感器是指能将温度量和湿度量转换成容易被测量处理的电信

7.4.7 温湿度
传感器

号的设备或装置。智能家居中的无线温湿度传感器可以实时回传不同房间内的温湿度值。然后根据需求来打开或关闭各类电器设备，如空调、加湿器。温湿度传感器和智能家居网关配合工作，实现远程监控居室内温湿度值，甚至可以根据温湿度参数进行无线联动智能控制，比如某个房间温度太高了，则将空调开至制冷模式实现降温的自动化控制。

Aqara 温湿度传感器 T1 采用工业级温湿度传感器，温度检测精度可达±0.3℃，相对湿度检测精度可达±3%，气压检测精度可达±120 Pa。如图 7-41 所示。

Aqara 温湿度传感器 T1 能够实时监测当前环境的气压以及温湿度数据，当家中温度湿度偏离舒适区间时，手机会收到通知提醒。在手机中还能查看当前的温湿度和气压的数据以及历史变化曲线图。App 操作界面及温度曲线如图 7-42 所示。

图 7-41　温湿度传感器 T1

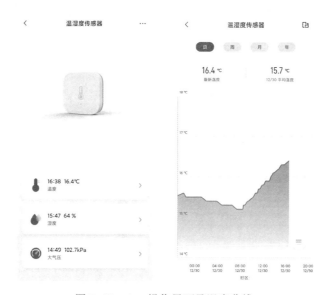

图 7-42　App 操作界面及温度曲线

Aqara 温湿度传感器 T1 采用 ZigBee 3.0 通信协议，可联动空调伴侣实现恒温智能场景。在夏天，当室内温度过高时，空调自动开启，同时随着温度变化而自动调节，始终让用户处在一个舒适恒温的环境中。还可通过智能插座联动加湿器或其他电器，使家中的湿度始终保持舒适。

7.4.8　Aqara TVOC 空气健康伴侣

总挥发性有机化合物（Total Volatile Organic Compounds，TVOC）是三种影响室内空气品质污染中影响较为严重的一种。TVOC 是指室温下饱和蒸气压超过了 133.32 Pa 的有机物，其沸点在 50℃至 250℃，在常温下以气体的形式存在于空气中，具有毒性、刺激性、致癌性和特殊的气味，会影响皮肤和黏膜，对人体产生急性损害。世界卫生组织（WHO）、美国国家科学院/国家研究理事会（NAS/NRC）等机构一直强调 TVOC 是一类重要的空气污染物。美国环境署（EPA）对 VOC 的定义是：除了一氧化碳、二氧化碳、碳酸、金属碳化物、碳酸盐以及碳酸铵外，任何参与大气中光化学反应的含碳化合物。

Aqara TVOC 空气健康伴侣内置多个化学传感器，采用先进的电化学与半导体技术方案，其精确放大和滑移平均算法保证了数据监测的稳定性和精度，实现 TVOC 浓度、温度、湿度多维度检测。

Aqara TVOC 空气健康伴侣通过温湿度补偿算法，可有效降低环境温湿度变化对监测结果造成的影响，监测数据更精准，读数分辨率可达 $0.01\,\mathrm{mg/m^3}$。

Aqara TVOC 空气健康伴侣采用 $2.13\,\mathrm{in}$ 超低功耗的 E-Ink 电子墨水屏，近似纸质的显示质感，多角度查看仍高度清晰，避免刺激眼睛。单键设计，双击即可切换水墨屏显示内容。

Aqara TVOC 空气健康伴侣荣获日本优良设计大奖与金点设计奖。产品外形如图 7-43 所示，App 操作界面如图 7-44 所示。

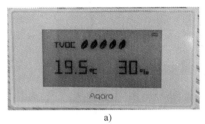 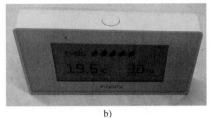

a)　　　　　　　　　　　　b)

图 7-43　TVOC 空气健康伴侣

a) 平视图　b) 俯视图

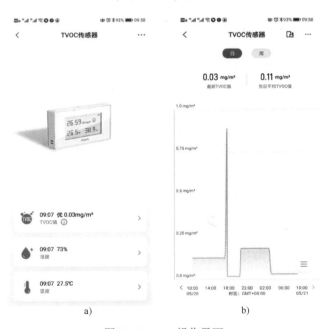

a)　　　　　　　　　　　　b)

图 7-44　App 操作界面

a) 设备详情页　b) TVOC 曲线

7.4.9　Aqara 水浸传感器 T1（漏水传感器）

水浸传感器又称漏水传感器，它是利用水的导电性，使两个探针形成通路，当检测处探针的水位高度达到 $0.5\,\mathrm{mm}$ 时，水浸传感器将上报险情，

7.4.9　Aqara
水浸传感器

联动网关发出本地声光报警,同时手机收到 App 推送提醒,让你及时知晓,采取相应措施。退水后同步发出警报解除信号。产品外观如图 7-45 所示,App 操作界面如图 7-46 所示。

图 7-45　水浸传感器

图 7-46　App 操作界面

　　在普通家庭中,该产品可以放置在厨房或卫生间特定位置,监测用水量较大区域的渗水、漏水情况,用于节约水资源以及避免渗水、漏水可能带来的危险;在工业中,这款产品可以放置在机房、图书馆或者水管道附近,监测是否有渗水、漏水情况的发生。

　　Aqara 水浸传感器 T1 需要配备 ZigBee 3.0 网关,并兼容 Apple HomeKit;安装电磁水阀后,搭配 Aqara 墙壁插座或墙壁开关,当水浸传感器检测到有水泄漏时,能联动打开墙壁插座或墙壁开关,关闭电磁水阀,避免更大的损失。

　　Aqara 水浸传感器 T1 可根据需求随意放置使用,隐藏式按键设计,与外观结构融为一体,实用又美观;外壳采用抗 UV 材质,长期使用不褪色,达到国际 IP67 防水防尘等级标准;功耗低,一颗纽扣电池在正常情况下可使用两年。

7.5　Aqara 绿米智能家居体验馆简介

7.5.1　Aqara 智能家居系统主要特点

　　随着科技的发展和人们对美好生活的向往,智能家居慢慢走进千家万户,让我们的居住环境变得更为舒适便捷,同时也更加节能环保。Aqara 智能家居系统主要特点如下。

1. 系统高效

　　Aqara AIoT 物联网系统平台及 Aqara Home App 集 Aqara 智能家居硬件产品、网关系统与 IoT 平台、AI 平台于一体化设计,Aqara 自动化场景通过多重逻辑嵌套的配置与管理能力,从而为智能家居提供了一套高效的设备安装实施、管配、智能控制的服务工具。

2. 安全舒适便捷

根据自动化及场景化设置，能够通过多种传感器反馈自动调节室内温度、湿度、空气质量、睡眠质量监测、行为姿态识别、宠物识别、AI 智能，让居住环境更舒适，让智能家居控制体验更智能。通过简单的条件触发实现对室内灯光的自动调节、Aqara 安防卫士等让居住更安全。通过 Aqara AI 设备与 AI 系统能力，实现语音识别、行为姿态、手势识别等多种便捷可靠的智能控制，提升设备控制的便捷性。

3. 节能环保

Aqara ZigBee 低功耗设备非常注重节能，Aqara 传感器只需要一个纽扣电池，可保障长达两年以上的在线续航运行能力。利用 Aqara 各类环境传感器与控制器，在确保舒适、便捷、安全、可靠的设备控制体验同时，可自动根据人在室内活动情况与 AI 智能设备相结合，利用自动化或 AI 智能判断，主动关闭不必要的待机电器设备，减少能源消耗，降低家庭碳排放量。

4. 可靠的分布式控制

Aqara 全屋智能控制系统利用无线局域网本地控制技术、无线分布式控制技术、方舟技术实现了实时高效、控制稳定的家庭分布式控制系统。在 Aqara 分布式系统控制中，可以实现任意设备通过 Aqara 网关，完成网关内的本地化控制逻辑以及局域网内的网关间、子设备间的实时互控能力。基于 Aqara 局域网分布式控制，可以不依赖云端服务就实现全屋设备的跨网关的设备联动，控制判断条件与自动化场景等均存储在网关当中，控制体验最佳。Aqara 局域网分布式控制还能结合 Aqara AIoT 平台能力，实现云端、本地的自动化场景联动，结合本地自动化、本地场景、本地 AI 智能控制与云端自动化、云端场景、云端 AI 智能控制中心等建立了一套 Aqara 专属能力的云、管、边、端的智能分布式控制系统。

7.5.2　不同空间的场景应用

Aqara 绿米智能家居体验馆，包含了入户门、客厅、餐厅、厨房、卫生间、卧室和阳台等不同的家庭空间，将智能门锁、智能摄像机、灯光、窗帘、空调、家庭影院、厨房卫浴以及其他家庭电器通过智能设备和系统连接起来，以沉浸式体验馆的形式展现给进店了解的每个人，用户可以通过智能触摸情景面板、无线开关、魔方控制器、语音以及无感触发、AI手势控制等多种方式体验不同的生活场景，轻松实现不同设备的联动，还可通过智能手机App 实时远程监控家里的安防设备和智能设备，让用户体验高科技带给生活的舒适和便利。

值得一提的是，Aqara 智能家居不但支持自己的 Aqara Home 平台，同时也支持目前国内用户群最多的两大智能生态平台：苹果 HomeKit 平台和小米米家平台，并且可以实现 Aqara Home App 加 Apple HomeKit 与小米米家 App 加 Apple HomeKit 的两种组合应用方式，这也是众多用户选择 Aqara 产品和平台的原因之一。下面通过场景功能介绍的方式，给大家介绍一下 Aqara 智能家居体验馆不同空间的场景应用。

1. 入户门

入户门智能门锁使用的是 Aqara 全自动智能猫眼门锁 H100（如图 7-47 所示），支持指纹、密码、NFC 卡、苹果 HomeKit、临时密码以及钥匙六种开锁方式，满足不同人群最适合的安全开锁需求。Aqara H100 不同于普通指纹锁，它是一把全自动门锁，解锁后锁体会自动打开，此时门只需要轻轻一推即开，它自带智能猫眼，拥有 1080P 超清摄像头，161°超广角，通过手机 App 与访客进行视频对话，确认身份后还可以通过 HomeKit 实现远程完全开锁；当有人在门外长时间逗留时，它会利用人形侦测功能启动自动录制小视频推送到手机 App，从而有效做到对可疑人驻停实现安全预警信息的推送，将不法分子拒之门外；当检测到门未关上、门处于虚掩、未上锁状态等异常情况时，通过 Aqara 系统平台可以向手机 App 推送异常告警信息，全方位保护家人的安全。

入户门进来玄关墙壁上安装有 Aqara 集悦智慧面板 S1（小乔智慧面板）和三键墙壁智能开关 H1，通过联排框架安装在一起；联排框架可将 Aqara H1 系列开关面板、小乔智慧面板或场景面板 S1 进行任意搭配组合安装，实现无缝拼接，美观大方，如图 7-48 所示。通过小乔智慧面板中的场景或语音可控制玄关、客厅和餐厅的灯光、窗帘、电视和空调等设备和自动化场景，场景内容可以自定义为回家模式、离家模式、访客模式和安防模式等。

图 7-47　入户门上的全自动智能猫眼门锁 H100

图 7-48　集悦智慧面板 S1 和墙壁智能开关 H1

（1）回家模式。回家模式可以根据不同时间段和不同家庭成员身份设定专属的自动化场景。当处在夜晚回家场景时，通过 Aqara 智能门锁开门后，开门信息自动联动执行对应的专属回家模式，此时 Aqara 安全卫士的布防模式会自动关闭，入户灯、客厅灯将会缓缓亮起，布帘自动打开，为保护个人隐私纱帘将保持关闭状态，家里的背景音乐响起，营造满满的主人回家仪式感；如果是白天，则灯光不会打开，如图 7-49 所示。

（2）离家模式。出门时，只需按一下玄关墙壁上集悦智慧面板上的"离家模式"，或关门后按一下 Aqara 智能锁上的"离家"小图标，自动延时 30 s 执行"离家场景"。离家场景执行后，家中所有智能设备将会按设定执行，灯光有序的关闭，同时关闭纱帘、空调、电视、空气净化器等家电，甚至对电器开关进行断电。还可以联动扫地机器人按设定进行房间内的清理打扫工作。Aqara "安防卫士" 会启动 "离家守护" 模式，家庭相关的人体传感器、门窗传感器、门锁及其他智能设备进入布防模式，智能摄像机 G3 恢复监控模式、开启人形侦测，既方便快捷又节能环保，如图 7-50 所示。

图 7-49　回家模式

图 7-50　离家模式

（3）访客模式。当客人通过全自动智能猫眼门锁 H100 的门铃呼叫主人时，通过屋里任意一个小乔智慧面板都可以实现语音视频通话，实现了最便捷的客人对讲模式。客人进来后，可通过小乔智慧面板的语音控制或面板场景控制功能切换到访客模式。访客模式联动了家庭窗帘、客厅灯光调节，尽展主人家庭场景对客人的尊重。当主人不在家但是有亲戚或好友到访时，还能通过 Aqara Home 或者 HomeKit 与访客进行远程视频通话，确认身份后，通过 HomeKit 远程开锁或临时密码开锁，让到访亲友感受到主人的贴心。

（4）安防模式。通过 Aqara Home App 的"安防卫士"功能，配置离家守护、在家守护、夜间守护等不同安防模式，当家里的各种安防设备检测到有不速之客闯入时，Aqara M1S 网关会自动触发告警铃声，同时 Aqara 智能摄像机 G3 会进行实时自动抓拍，并第一时间推送告警信息和事件视频到 App 上，最大限度地给予入侵人员现场震慑，主人也可通过手机及时了解到家中的安全异常情况，及时报警，从而保障家庭的人身和财产安全。Aqara Home 安防卫士如图 7-51 所示。

2. 客厅/餐厅

客厅/餐厅的产品配置有：两个 Aqara 墙壁插座、1 个 Aqara 魔方控制器 T1 Pro、1 个 Aqara 温湿度传感器、1 台 Aqara 智能摄像机 G3、两台 Aqara 窗帘电机、6 个 Aqara 双色温驱动 T1 Pro、3 个智能调光模块 T1、1 台海信100 in 激光电视、1 套 SONOS 音响系统和 1 台苹果 HomePod。

客厅的灯光采用无主灯设计，天花上装有 6 个可调光调色的筒灯以及周围内嵌的灯带，通过 Aqara 双色温驱动和智能调光模块调节灯光的亮度和色温，打造客厅和餐厅的灯光效果；超大的落地窗帘包含纱帘和布帘两层结构，打开窗帘可透过落地玻璃欣赏室外的美景。

图 7-51　Aqara Home 安防卫士

值得一提的是，Aqara 通过火星技术（多负载类型强适应高可靠开关技术），确保智能开关和智能灯控制模块互相兼容，即使开关处于关闭状态，也不影响各种场景和自动化对灯光的联动控制。

客厅电视使用的是海信 100 in 超大激光电视，投影主机安装在可伸缩的电视柜内，看电视时电视柜自动打开，不看时自动收回。电视柜及沙发两边装有一套专业的 SONOS 超低音环绕立体声音响系统，完美打造了一套沉浸式的家庭影院系统。

客厅电视柜上装有 Aqara 智能摄像机 G3（网关版），除了做网关和安防监控之外，还可以作为红外遥控器控制电视、空调、风扇等红外家电，同时也支持人脸识别、手势识别、宠物猫狗识别、人形及宠物跟踪和异常声音识别等，在家时可以通过手势比画来实现场景联动，不在家时可以通过手机远程查看家中状况，守护家中安全。智能摄像机 G3 手机 App 画面如图 7-52 所示。

另外，Aqara 智能家居体验馆的一大亮点，是安装在餐厅天花板上的光艺晴空灯 H1，如图所示。晴空灯可模拟太阳光的真实效果，温暖的太阳光，透过 1030 mm×360 mm 的天窗，斜照进来。光线照射在白色的墙壁柜上，犹如夏日的清晨，文艺而又清新，同时也可以舒缓压力。从下面往上看，只看到蓝蓝的天空，光线一点都不刺眼。最关键的是，Aqara 光艺晴空灯能真实模拟不同时间段的自然光效果，从清晨的日出，到中午的烈日，再到傍晚的夕阳，都可以按照自己的喜好任意调节。不管是阴天、晴天还是下雨天，白天还是晚上，现在在家中就可以随心所欲地尽情享受阳光的温暖。这在现代都市快节奏的生活中，简直是难以想象，但是 Aqara 光艺晴空灯 H1 做到了。Aqara 光艺晴空灯的不同场景效果如图 7-53 所示。

日出

清晨

中午

黄昏

图 7-52 智能摄像机 G3 App 画面　　　　图 7-53 Aqara 光艺晴空灯的不同场景效果

Aqara 光艺晴空灯同时也可以与家中其他智能家居设备联动，融入不同的场景模式当中，营造不同的场景氛围。

客厅和餐厅是人们居家生活的主要活动场所，常用的场景模式有观影模式、就餐模式、休闲模式和会客模式等，用户可以根据自己的喜好，通过手机 App 设置不同的场景模式以及所要联动的设备。下面分别介绍一下 Aqara 智能家居体验馆中客厅和餐厅的几种场景。

（1）观影模式。进入客厅，坐在沙发上，只需要通过语音控制电视柜上的苹果 HomePod 或者墙壁上的小乔集悦智慧面板，即可轻松体验不同的场景模式。比如，对 Home-Pod 说："Hi，Siri，我要看电视。"观影模式立即执行，灯光自动调暗，窗帘关闭，电视柜自动打开，激光投影仪开启，电视屏幕亮起，伴随着 SONOS 音响系统超低音环绕立体的音响效果，客厅仿佛置身于电影院中。整个过程省去了以往按开关、拉窗帘以及按遥控等一系列繁杂的操作，解放双手，尽情享受即可。观影模式如图 7-54 所示。

除了语音控制之外，Aqara 还支持多种场景控制方式，比如魔方控制器、场景面板、智能摄像机 G3 手势识别和手机 App，用户可以根据自己的喜好，选择适合自己的控制方式。这里重点介绍一下魔方控制器 T1 Pro 和 G3 摄像机的使用方式。

（2）就餐模式。在沙发前的茶几上，放着一颗魔方控制器 T1 Pro，6 个面上分别印有不同的场景名称，包括"观影""就餐""会客""休闲""灯光"和"窗帘"，当我们要用餐时，只需要把魔方转到印有"就餐"字样的平面朝上放置或者利用 AI 语音、智能摄像机 G3 手势识别来控制就餐场景，就餐模式立即执行，客厅灯关闭，餐厅筒灯和吧台灯带打开并调至暖光效果，晴空灯打开并调至黄昏模式，暖暖的灯光打到餐厅吧台和墙壁柜上，既温馨又舒适，在灯光的衬托下，饭菜也显得格外可口，如图 7-55 所示。

图 7-54　客厅观影模式

图 7-55　客厅就餐模式

（3）会客模式。当有客人来访时，我们也可以给智能摄像机 G3 比画一个"Ye"的手势，会客模式自动执行，客厅筒灯和灯带调至橘黄色暖色调，晴空灯打开并调至午后模式；电视打开，布帘和纱帘都打开，可以看到外面的风景。还可以通过 AI 语音呼唤小乔或 Siri，将空调调节到 26℃。通过这一系列的富有欢迎感的操作，让客人眼前一亮，也感受到主人对客人的重视，突显尊贵感。

（4）休闲模式。当主人忙完家务或工作，感觉疲惫时，只需要躺在沙发上，跟小乔说一下："Hi，小乔！休闲模式！"或者采用智能摄像机 G3 手势控制来执行休闲模式，客厅灯光调暗，晴空灯调至清晨模式，纱帘关闭，SONOS 音响播放预先设定好的音乐，顶级的环绕立体音响仿佛置身于歌剧院当中，让人身心放松。

3. 厨房

厨房的产品配置有 1 个 Aqara 墙壁开关、两个 Aqara 墙壁插座、1 个天然气报警器、1 个烟雾报警器、1 个水浸传感器和 1 个人体传感器。

厨房智能主要体现的是安全和方便。吊顶上安装了烟雾报警器，墙边安装了天然气报警器，当出现烟雾或发生火灾时，Aqara 报警器和网关都可以第一时间进行室内安全语音联动告警，并把告警信息推送至手机上，让主人尽早知道险情，及时进行处理。在厨房地面角落里，装有水浸传感器，如发生漏水或忘记关水龙头时，只要检测到地面浸水即可发出告警，同时推送信息到手机上。除了告警之外，以上传感器也可以联动电动燃气阀、电动水阀以及排气扇等设备，当发生险情时，即使家里没人，也能第一时间把燃气和水关掉，并开启排气扇进行通风，防止险情扩大。厨房设备点位如图 7-56 所示。

除了安全防护，厨房还装有人体传感器，可感应是否有人移动以及亮度，当亮度较低时，有人进入厨房灯自动打开，当一段时间感应到无人时，自动关灯；另外，厨房墙壁上装有两个智能墙壁插座，可用于控制饮水机和电饭煲等家电，设置定时功能，按设定准备早餐和烧水。

图 7-56　厨房设备点位

4. 卫生间

卫生间的产品配置有 1 个 Aqara 墙壁开关、1 个 Aqara 墙壁插座、1 个水浸传感器、1 个人体传感器、1 座 Aqara 智能马桶 H1 和 1 台卷帘电机。

卫生间窗台下或合适的位置装有人体传感器，负责判断有人无人并联动执行相应场景，人体传感器安装位置如图 7-57 所示。进入卫生间，灯光、排气扇自动打开，卷帘下降；在夜间离开卫生间时，人体传感器检测到一段时间无人后联动自动关灯，既安全又节能；当然用户也可以通过手机 App 根据个人喜好进行设置和调整。卫生间如图 7-58 所示。

图 7-57　卫生间里的人体传感器

图 7-58　卫生间

智能墙壁开关负责控制电热水器的电源通断,可根据个人生活习惯定时控制热水器的开关。在卫生间的干区地面上安装水浸传感器,监测是否漏水。

卫生间一大亮点是 Aqara 智能马桶 H1,除了具有常规高端智能马桶所有的功能之外,还可以与家中的智能家居产品进行联动,如通过无线场景面板设置不同的清洗模式,使用时仅需一键即可轻松切换。也可以与排气扇进行联动,实现着座开启排气扇,可以配置离座 5 分钟后自动关闭排气扇等。Aqara 智能马桶 H1 如图 7-59 所示。

另外,在马桶旁边贴上紧急按钮,以便在紧急情况下进行快速求助。

图 7-59　Aqara 智能马桶 H1

5. 卧室

卧室的产品配置有 1 个 Aqara 集悦智慧面板 S1、1 个 Aqara 墙壁开关、1 个 Aqara 智能旋钮开关、1 个 Aqara 无线双键开关、两个 Aqara 墙壁插座、两个 Aqara 人体感应器、1 个 Aqara 温湿度传感器、1 台 Aqara 窗帘电机、1 个空调伴侣和 1 张花花卡莎智能床。

卧室是家里的另外一个主要活动区域。卧室使用了一张花花卡莎智能床,是 Aqara 的生态优选产品,具有按摩和电动升降功能,可与 Aqara 智能家居进行场景联动。卧室主要应用的自动化设置和场景如下。

(1) 床头柜墙上设有集悦智慧面板、智能旋钮开关和智能墙壁插座,如图 7-60 所示。集悦智慧面板支持通过 AI 语音和触摸面板对卧室灯光、空调、窗帘以及不同场景模式的控制。智能旋钮开关可通过单击、双击、长按控制房间的灯光开关以及窗帘的开合,通过旋转进行调光或者窗帘开合比例的控制;智能墙壁插座可控制台灯或手机定时充电的场景。

(2) 阅读模式。想躺在床上看书时,只需要通过语音对小乔说:"Hi,小乔,我要看书!"即可执行阅读模式,床头灯光调亮,其他灯光相应调暗,智能床向上倾斜,保持舒适的阅读姿态。同时也可以通过无线开关、动静贴敲两下执行执行阅读模式,如图 7-61 所示。

图 7-60　床头开关面板

图 7-61　阅读模式

（3）睡觉模式。睡觉时，通过集悦智慧面板或者语音，启动睡觉模式，窗帘和灯光关闭，智能床慢慢放平，通过温湿度传感器和空调伴侣，控制卧室的空调和加湿器，智能调节卧室的温度和湿度，保证睡眠过程的舒适度。Aqara 智能家居系统会根据配置自动启动"安防卫士"的在家守护模式，入户门、阳台和客厅相应的人体传感器和摄像机进入布防状态。

床单下面还有一条智能睡眠带，可监测心率、呼吸率、在床离床状态和睡眠质量等数据。通过手机查看自己每天的睡眠质量分析，同时智能睡眠带可与其他智能设备进行场景联动，如可设定晚上人在床超过 5 分钟自动把灯光调暗，播放助眠音乐，监测到人睡着后自动执行睡觉模式。

（4）起夜模式。在床底下安装人体传感器，半夜起床时，检测到有人移动，可联动床底下的灯带和走廊的筒灯以及 M1S 小夜灯，柔和的灯光缓缓亮起并且灯光亮度不刺眼，便于起夜走路。起夜模式执行时，Aqara 智能家居系统会根据执行的场景暂时撤销家里的布防模式，以防误触发安全事件，待一段时间无人移动后，Aqara 智能家居安全系统会自动恢复布防，如图 7-62 所示。

（5）起床模式。早上起床时，已设置定时自动化会执行起床模式。还可以通过睡眠带实时监测人的睡眠状态，结合光照度传感器的光照度条件，当人处于浅睡眠期时，在设置的起床时间段内自动播放音乐或闹钟，同时窗帘在确保个人隐私的条件下保持窗纱处于关闭状态，在一定时间段内按时间周期逐渐打开窗帘，让主人从晨光中自然醒来，精神一整天，如图 7-63 所示。

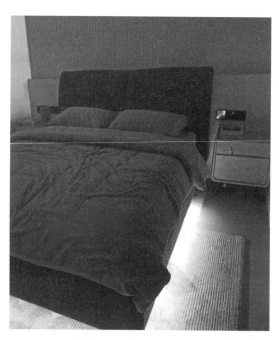

图 7-62　起夜模式

图 7-63　起床模式

6. 阳台

阳台的产品配置有 1 台 Aqara 智能晾衣机、1 个 Aqara 人体传感器、1 个 Aqara 无线门窗传感器、1 个 Aqara 无线开关。

　　阳台的主要应用功能为智能晾晒、智能晾衣机灯光控制和安防布控，主要应用的自动化设置和场景如下。

　　（1）智能晾晒。Aqara 智能晾衣架集自动升降、灯光照明、风干烘干等多功能于一体，自带无线遥控器进行控制。可通过手机 App 设置"追光模式"，根据不同时间段太阳光的照射角度调节衣服高度；并可与家里其他智能设备进行联动。如与人体传感器联动，实现人来开灯，人走关灯；与温湿度传感器联动，当湿度过大时自动启动风干功能，如图 7-64 所示。

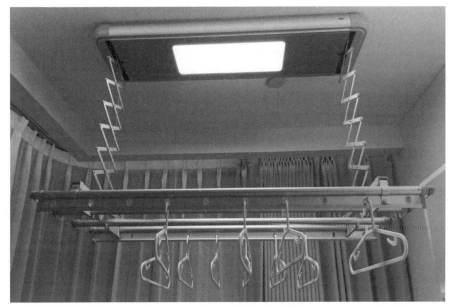

图 7-64　Aqara 电动晾衣机

　　（2）安防布控。阳台安装人体传感器和无线门窗磁，实现对家里的安防布控；也可以通过手机实时查看阳台门窗是否关好。

　　（3）晾衣机灯光控制。无线开关贴合在方便控制晾衣机场景的位置。可以通过无线开关控制晾衣机的灯光，还可以控制晾衣机上升、下降、停止等自动化场景。如果用户手上拿着衣物不方便用手控制晾衣机，还可以通过语音来呼唤小乔，来控制晾衣机。

实训 7　参观绿米全屋智能体验馆

1. 实训目的

（1）了解绿米全屋智能体验馆的主要场景设置。

（2）了解绿米全屋智能体验馆网络构成。

（3）熟悉绿米全屋智能体验馆主要控制方式。

（4）掌握绿米全屋智能家居的组成。

2. 实训场地

参观学校附近的绿米全屋智能体验馆（体验厅）。

3. 实训步骤与内容

（1）提前与绿米全屋智能体验馆（体验厅）联系，做好参观准备。

（2）分小组轮流进行参观。

（3）由教师或体验馆（体验厅）人员为学生讲解。

4. 实训报告

写出实训报告，包括参观收获、遇到的问题及心得体会。

思考题 7

1. 简述绿米 Aqara 全屋智能家居的核心技术。

2. 绿米 Aqara 全屋智能家居的新产品有哪些？

3. 绿米 Aqara 全屋智能家居的低功耗传感器有哪些？

4. 绿米 Aqara 全屋智能家居的低功耗传感器的性能特点有哪些？

第8章 华为 HarmonyOS Connect 全屋智能家居

本章要点

- 了解华为 HarmonyOS Connect 全屋智能家居。
- 熟悉华为全屋智能主机内部结构框图。
- 熟悉华为全屋智能两张网与双核心部件。
- 熟悉鸿蒙操作系统（HarmonyOS）。
- 了解华为 HarmonyOS Connect 物联网连接协议。

8.1 华为全屋智能家居概述

华为消费者 BG 首席战略官邵洋指出："未来空间正在从物理空间向智能空间、单品智能向生态系统智能、单一场景向全屋场景转型，而智慧化、全屋化、生态化将成为未来家的发展方向。"全屋智能如图 8-1 所示。

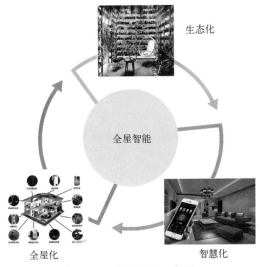

图 8-1 全屋智能示意图

华为消费者业务在 IoT、智能家居领域的新探索体现在 2020 年底，华为首次发布了全屋智能 ALL IN ONE 解决方案，推出"1+8+N"的全场景智慧生活战略，"1"指的是主入口手机，"8"指的是平板计算机、电视机、音响、眼镜、手表、车机、耳机、个人计算机（PC）八大业务，"N"指的是移动办公、智能家居、运动健康、影音娱乐及智能出行各大板块的延伸业务，即泛 IoT 硬件构成的华为 HarmonyOS Connect 生态。在实施过程中，华为发现了行业存在的一些问题，并将其总结为"全屋互联""全屋 AI""生态整合"三大影响

187

行业发展和用户体验的难点，为了解决三大行业难点，2021年4月8日华为在全屋智能及智慧屏旗舰新品发布会上，推出了"1+2+N"的全屋智能解决方案，即1机两网配套N个系统的全屋智能解决方案。其中1机为搭载HarmonyOS中央控制系统，采用模块化设计的全屋智能主机；两网为家庭的两张网络，分别是全屋PLC和全屋WiFi 6+，其中全屋PLC是采用最新PLC技术的全屋家庭控制总线，实现多网融合，满足高达384个节点的稳定可靠连接；支持鸿蒙Mesh+无缝漫游技术，实现全屋无死角覆盖的全屋WiFi 6+，速率高达3000 Mbit/s；N个系统则是丰富可扩展的鸿蒙智联生态，与国内外知名大品牌合作，目前已涵盖照明智控、安全防护、环境智控、水智控、影音娱乐、睡眠辅助、智能家电和遮阳智控8套子系统，如图8-2所示。

图8-2 华为"1+2+N"的全屋智能解决方案示意图

2021年10月23日，华为在开发者大会上发布了全屋智能的新战略，即在HarmonyOS的驱动下，1+2+N全屋智能解决方案再升级，同时通过2D、2B、2C三大路径加速商业化落地。升级版的"1+2+N解决方案"更加具体而细致地描述出其"全屋智能"的图景。

"1"升级为鸿蒙框架的智能主机，一家一套，实现全屋AI+全屋联结。原方案中，智能主机主要为计算中心（中央控制模块负责主机的计算，配置了强劲的AI芯片），升级后将拥有更多的模块。比如融合了PLC和WiFi 6，电信级高可靠性达99.99%。计算模块除计算按需分配外，还借助AI能力可以实时搜集各种数据，进行分析计算，做出最为合理的决策，控制设备执行各类场景，真正实现多条件动态预判和主动智能；存储模块可以实现端到端加密，保护用户信息；主机能力显著升级。

"2"升级为两个核心交互产品，一套中控屏全家族和一个智慧生活App。搭载华为全屋智能的家，一空间一屏，桌上墙上大小尺寸应有尽有，有10 in、6 in、4 in和桌面版中控屏，可根据厨房、卫生间等不同场地按需求匹配。

升级后的"N"代表子系统，可细分为6个空间子系统和4个全屋子系统。其中，前者与房间定位强相关，包括照明、遮阳、影音、冷暖新风、家具家私、家电系统；后者的功能则不受空间限制，包括网络、安全、用水、能耗等。这样科学分类的子系统，构筑了丰富的使用场景，进一步提升用户体验，如图8-3所示。

邵洋谈道："只有将空间当成一个产品，从基装开始智能化，才能实现系统和单品的生态化、一体化设计和服务的全屋化，以及软硬结合自然交互的智慧化。这样真正的全屋智能，才能满足人们对未来家的需求。"

相比传统智能家居，"华为全屋智能"的优势在于提供了多种"场景化"智能，目前用户可以体验6种不同的空间和48种场景，还能通过VR/AR等方式，体验在遇到诸如水浸、

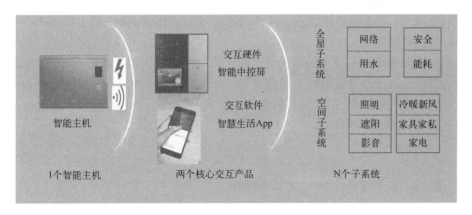

图 8-3　华为升级版的"1+2+N 解决方案"示意图

火灾等会如何应对。这背后是 HarmonyOS 系统驱动下设备联动，控制的不仅是单个设备，而是整个空间，实现多条件动态预判和主动化智能。

主动化智能也是"华为全屋智能"的一大特色。比如，用户设定归家时间之后，系统通过传感器检查室内环境温度与空气质量，提前开启新风机、空调，用户一进家门就可享受舒适。

作为通信行业的专家，华为已经在软件开发工具包（SDK）、物联网操作系统 Lite OS、物联网芯片、网络安全和人工智能等技术上有了深厚的积淀。因此，华为的全屋智能产品就比较"硬核"，无论是有线无线融合、前装后装融合，还是风格体验一致等，华为在行业内都可谓是独树一帜。

另一方面，华为积累的大量行业和企业资源，有利于快速构建其硬件生态体系。在过去 5 年间，华为以技术和设计为核心，投资控股或与包括美的、博西、大金、长虹等在内的 1800 多家国内外知名品牌合作，并与之联手打造了超过 4000 件的智能单品，还与绿地、融创、中海、万科、华润、金茂、绿城、世茂等多家头部地产商达成战略合作，可以说华为与第三方企业共同构建了繁荣的硬件生态体系和销售模式。华为全屋智能产品计划如图 8-4 所示。

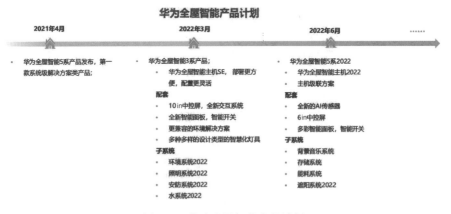

图 8-4　华为全屋智能产品计划

华为全屋智能提供一站式 4S 服务，施工过程高效透明，消费者在 App 上即可轻松查看，交房时 NFC 一碰交房，全屋配置轻松同步到手机上，更便捷。同时配套售后和日常维护，如某家电停止工作，系统会从插座、布线、开关等多方面分析，第一时间找到故障；针对客户疑问提供 7×24 小时热线服务，遇到问题工程人员将会在 3 h 内上门解决，一站式服务，为用户解决后顾之忧。

华为全屋智能战略是打造全场景智慧空间，将数字化带入每个家庭或酒店。其中家庭运营门户为智慧生活 App；家庭核心产品有交互、计算、连接和生态；家庭基础能力是全屋组网、全屋协同、全屋感知和全屋 AI；家庭智慧空间有客厅、卧室、厨房、阳台、玄关、书房、卫浴和餐厅，如图 8-5 所示。

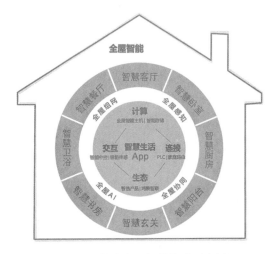

图 8-5　华为全屋智能战略示意图

2021 年 7 月 20 日，华为在第五届中国建博"葵花奖"智能家居颁奖大会上揽获 2021 智能家居领导力品牌、2021 智能家居科技创新奖、2021AIoT 智能家居电子系统解决方案科技创新奖和 2021 智能家居全屋智能系统生态集成优质奖。

8.2　智能主机

8.2　智能主机

华为全屋智能主机是首个模块化设计的家庭智能主机，它是集学习、计算、决策于一体的"智慧大脑"。智能主机可替代家里传统的弱电箱，内部集成了中央控制器、全屋 WiFi 6+、光猫、全屋 PLC 控制总线、全屋存储、全屋音乐、智能温控风扇等，内部结构框图如图 8-6 所示，外形如图 8-7 所示。

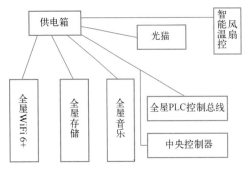

图 8-6　华为全屋智能主机内部结构框图

图 8-7　华为全屋智能主机外形

　　华为全屋智能主机搭载 HarmonyOS，拥有强大的鸿蒙 AI 引擎，具有高效率、大算力和多线程的能力。可以实时搜集、计算华为 1+8+N 全场景智慧终端数据、传感器数据、互联网数据，通过两张网络传递到鸿蒙 AI 引擎，鸿蒙 AI 引擎再调用场景模型，在本地进行实时分析计算，形成最合理的决策，控制设备执行各类场景，真正实现多条件动态预判和主动智能。基于全屋智能主机，在获取多维度信息，执行控制指令、可扩展场景模型、高效的计算决策引擎等方面华为全屋智能解决方案均有突破。

　　在具体应用中，华为全屋智能的 AI 体验优势明显。以动态预判能力为例，在清晨唤醒场景下，传统 IFTTT 采用单一条件，被动触发，线性联动，强制唤醒；华为全屋智能采取多条件预判，主动动态感知温度、湿度、含氧量、光线等要素；结合人体状态如手表传过来的睡眠习惯数据和时间、地理、气候等多达 10 种网络数据，通过 AI 引擎计算，完成多条件预判，触发相关设备和系统，将气温、湿度、光线、音乐、水温等调整到最舒适状态，让用户感受舒适唤醒。

　　在内部构造上，华为全屋智能主机采用高度模块化设计，使其具有高集成，可按需扩展，易维护等优点。除了内部的高集成，华为全屋智能主机复用弱电箱的位置，不单独占用空间，相比较传统家庭机房，更简约、强悍，外壳设计上采用全铝合金一体化冲压无缝成型，简约美观，彰显档次。

8.3　两张网与双核心部件

　　华为的全屋智能家居采用有线、无线两网合一的家庭网络，有线采用 PLC（电力线载波技术），无线采用 WiFi 6+和蓝牙技术，全屋网络拓扑图如图 8-8 所示。

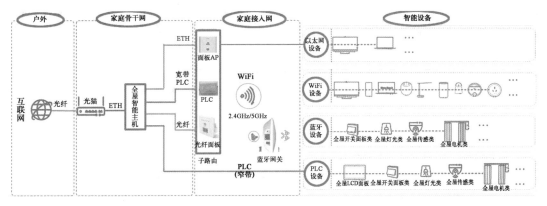

图 8-8　华为全屋网络拓扑图

　　华为全屋智能在交互方面，分为中控屏硬件和智慧生活 App 软件两个部分，并提出一空间一屏的概念。华为认为，在不同空间，人们所需要的信息密度不同，屏的尺寸和位置也就不同。例如在进屋时，用户往往需要全屋整体的管理，而进入到书房、卧室则需要不同场景的子系统管理，甚至是在屋外需要通过移动设备管理，这就需要智慧生活 App 提供不同的交互。

8.3.1　PLC 网络

　　PLC 是电力线载波（Power Line Carrier）技术的英文缩写，是以电力线（低压、中压或者直流）作为媒介，传输数据与信息的一种载波通信方式。PLC 电力线载波技术实现了数据在电力线高速、可靠、实时、长距离的传输，突出特点是网随电通，无须额外部署专门的通信线即可接入网络，华为全屋智能是基于华为海思 PLC-IoT 芯片开发的全屋智能系统。PLC-IoT 系统可以单独控制各个设备，也可以根据需求编辑场景实现不同产品同时控制，可以与 HarmonyOS Connect 平台的各个设备实现联动控制，用户通过华为智慧生活 App 远程或近端查看和控制设备。PLC 技术的详细介绍请参看第 2 章有关内容。

华为全屋智能使用的 PLC 技术与传统 PLC 技术本质的区别在于使用协议、带宽技术、传输数据类别。首先不同于路由器、电力猫使用的 PLC 技术，华为全屋智能 PLC-IoT 是基于协议 IEEE1901.1 的系统；而路由器 PLC 是基于协议 G.hn 的技术。IEEE1901.1 协议属于窄带技术，频宽 1.6~12 MHz，仅传输控制信令和心跳报文，每个设备对带宽的占用很小；而 G.hn 技术属于宽带技术，因为在传输数据类别上面效率就完全不一样，传统 PLC 技术，传输的是数据业务，占据大量带宽资源，所以在使用中可能会受到其他电器的噪声干扰，导致传输速率有跳变，在部分干扰较大的场景下，会影响使用体验，也就是通常说的"失灵"，而其通常在开放环境使用，没有隔离器等措施，容易受到干扰。华为全屋智能的 PLC-IoT 系统作为一条独立的回路接入家庭电路中，为了减少、阻断传统家电设备产生的噪声，在独立回路上安装了一个滤波器，阻断传统家电对智能家具设备的干扰，从而达到稳定、安全的需求。PLC 回路可最多支持 384 个设备。智能家居 PLC 技术是一个成熟的技术，在电力网、路灯等工业场景广泛应用，稳定通信距离可以高达 2 km，轻松覆盖高达 500 m² 的大户型。华为实验室测试显示累计100 万小时以上不掉线，通信成功率高达 99.99%。华为 PLC-IoT 单相电全屋智能解决方案如图 8-9 所示，华为 PLC-IoT 网络模型如图 8-10 所示。

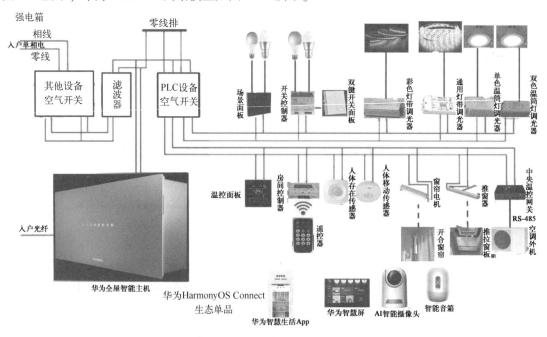

图 8-9 华为 PLC-IoT 单相电全屋智能解决方案

（1）物理层。PLC-IoT 通信信号的传输媒介是电力线，物理层负责将需要数据链路层分发的数据传输报文编码、调制为载波信号，发送到电力线上，同时负责接收电力线上传输的载波信号经解调、解码发送至数据链路层进行传输。

（2）数据链路层。分为网络管理子层和媒体访问控制子层。网络管理子层是负责 PLC-IoT 通信网络的组网、网络维护、路由管理及网路层报文的汇聚和分发；媒体访问控制子层是负责所有数据报文的可靠传输。

（3）网络层。物联网场景下终端数量庞大，且需要轻量级 IP 报文实现数据高效传输，PLC-IoT 网络层支持轻量级 IPv6 协议（IPv6 over Low Power WPAN），实现 PLC-IoT 网络的 IPv6 通信。

（4）传输层。向高层提供可靠的端到端的网络数据流服务。

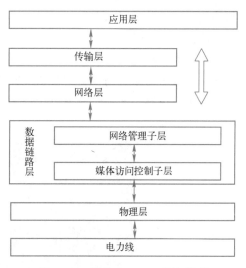

图 8-10　华为 PLC-IoT 网络模型

（5）应用层。实现通信单元之间（即 PLC 通信单元）业务数据交互，为了保证电力线传输数据安全可靠，PLC-IoT 支持数据报传输层安全协议（Datagram Transaction Layer Security，DTLS）和受限制应用协议（Constrained Application Protocol，CoAP）实现数据安全和高效传输。

8.3.2　WiFi 6+网络

华为全屋智能的另一张网是全屋 WiFi 6+，也是家庭宽带的优势解决方案。全屋 WiFi 6+ 主路由器模块包含 1 个 IPTV、1 个上行连光猫、1 个连 PLC、5 个多房间 AP 扩展共 8 个网口，实现全屋 WiFi 覆盖。同时，创新的智能定位天线技术，微秒级选择最优天线组合，从而达到实时最佳性能；3000 Mbit/s 的双频并发速率为消费者提供高速上网体验。为了实现无缝连接，全屋 WiFi 6+支持华为鸿蒙 Mesh+，根据华为实验室数据，配合部分华为手机无缝漫游可以做到 20 ms 热点切换，在切换速度上优势明显。此外，全屋 WiFi 6+采用网线供电，无须额外电源，简洁美观，免工具安装，一贴即稳，能更好地和现代家装风格搭配。

为了满足用户多样化需求，华为全屋智能解决方案还提供了丰富可扩展的鸿蒙生态配套系统，目前支持照明系统、水健康系统、环境系统等 N 大系统，鸿蒙生态将持续丰富扩大，未来系统将会越来越多。与此同时，华为也在积极拓展合作伙伴，目前已达 1000 多个大品牌，比如水系统的 AO 史密斯，照明系统的西顿，厨电系统的博西，环境系统的大金，摩根的全系列传感器，美的全品类等，未来根据个人喜好和需求，不断扩充和完善。

WiFi 6+技术和华为光猫、路由器的详细介绍请参看第 2 章有关内容。

8.3.3　中控屏

华为中控屏搭载全新鸿鹄智慧芯片，并搭载了自研适用各种智能设备的鸿蒙操作系统，借助芯片和操作系统底层深度优化，赋予中控屏计算能力，将成为家庭智慧助手。

8.3.3　中控屏

华为中控屏采用全新交互的 LCD 面板，超薄边框，绚丽多彩。中控屏的右边有个 ROOM 按键，是采用星环设计、压电陶瓷的物理按键，支持自定义功能，一键控制空间的打开与关闭，一键关闭屋内电器，一键开启各屋灯光以及智慧场景切换，高效便捷；左上角是空间切换按键，可随意切换中控屏控制的空间，如客厅、卧室、厨房等；左边中间是场景控制区，屏幕上可自定义各种场景，一键控制跨系统多设备场景联动；屏的下方是功能快控区，任一按键可对系统内设备进行快捷控制；屏的中间是设备控制区，每个按键可对系统内任一设备进行控制，如顶灯、射灯组、筒灯组、窗帘等，如图 8-11 所示。

空间切换
快速切换使用空间

场景控制区
跨系统多设备场景联动

ROOM按键
一键开闭空间 切换场景

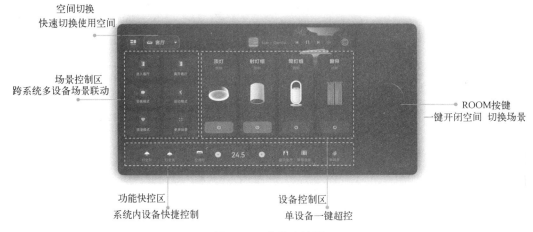

功能快控区
系统内设备快捷控制

设备控制区
单设备一键超控

图 8-11　华为中控屏

中控屏能显示全屋各个系统（环境/安防/网络/用水）、物业服务等关键信息，系统化呈现，实时更新，用户一眼即可看到全屋信息，如图 8-12 所示。

图 8-12　华为中控屏显示全屋信息画面

智能中控屏内置 4/6MIC 线阵声场，支持远程拾音与语音控制。常用场景可用一句话控制；具有协同唤醒功能，避免多个智能设备"一呼百应"。协同唤醒时间小于 1 s，近距离协同唤醒准确率大于 98%，远距离协同唤醒准确率大于 99%。

华为中控屏支持 HUAWEI HarmonyOS Connect 协议的多款设备，可以控制家里的空调、洗衣机、摄像头、门铃、灯泡、风扇、空气净化器、窗帘、扫地机器人等智能家电。

8.3.4　智慧生活 App

华为智慧生活 App 是华为全场景智能设备的统一管理平台，可以发现、连接和管理华为全场景智慧生活设备及 HarmonyOS Connect 生态智能产品，实现智能设备之间的互联互通，打造专属的智慧场景，畅享美好生活。

华为智慧生活 App 容易使用，无论老人还是小孩都能快速掌握智能设备连接和操作，使用智能设备更便捷；能按照用户的使用习惯，随时定制个性化的生活场景；还能共享设备，让亲朋一起感受智慧生活的便利；实现跨品牌互联互通，做到真正的万物互联。

华为智慧生活 App 具有以下 3 点优势。

1）轻松控制设备。可以方便地调节智能灯的亮度和颜色，有上千种颜色供选择；躺在床上就能开关智能窗帘；设置空调的温度和运行模式；根据家庭空气情况，开启空气净化器等；还能远程控制家里的智能产品。

2）查看设备运行状况。可在 App 上查看每个设备的运行状态，是否开启或关闭。除此之外，还可以查看插座上电器的耗电量；查看家里窗帘的敞开度；查看空气盒子检测出的湿度、温度、PM2.5 指标等，让生活变得智能、快捷。

3）便捷购买和使用产品。支持"商城"功能，可根据需要购买家人喜爱的 HarmonyOS Connect 智能产品。通过"酷玩"专区，还可以更好地了解和使用产品。

凡是支持 HUAWEI HarmonyOS Connect 协议的设备（包装或说明书上标有"支持 HUAWEI HarmonyOS Connect 相关字样"）才能被华为智慧生活 App 添加。下载华为智慧生活 App 后，在手机上单击"智慧生活"图案，出现图 8-13a 所示画面，画面下方有"家居""商城""内容""场景"和"我的"5 个栏目，再单击"家居"栏目，出现图 8-13b~图 8-13d 所示画面。如单击"场景"栏目，则出现图 8-14 所示画面，"场景"的名称及联动控制的智能设备均可自定义。如单击"商城"栏目，则出现图 8-15 所示画面。如单击"我的"栏目，则出现图 8-16所示画面，在图 8-16 所示画面中再单击"共享管理"栏目，则出现图 8-17 所示画面。

图 8-13　智慧生活 App

a）智慧生活 App 首页　b）全屋智能"设备"画面

195

c) d)

图 8-13 智慧生活 App（续）

c）全屋智能"空间"画面 d）全屋智能"我家"画面

图 8-14 我的场景画面

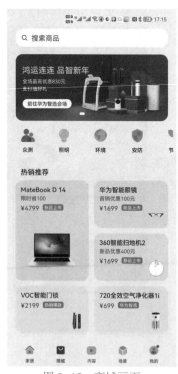

图 8-15 商城画面

图 8-16　"我的"栏目画面

图 8-17　共享管理画面

8.4　智慧场景

据华为全屋智能-华为官网介绍，智慧场景主要分为格调场景、舒适场景、便捷场景、健康场景与安全场景。

8.4.1　格调场景

格调场景给用户带来沉浸式、个性化、突破生活想象的全场景智慧体验，包括观影模式、节日模式和就餐模式。

观影模式把客厅变成音乐厅，让家里有多个电影院。智慧屏与音箱一拍即合，构成左右声道环绕立体声。灯光在音乐响起后渐暗，画面跟随声音溢出饱满情绪，在家震撼开演。

节日模式能带用户体验不同的灯光氛围，一场盛大的节日声光秀，需要超大数据量处理、分布式并行处理、超稳定可靠连接和多系统协同能力。华为全屋智能通过主机高效率、大算力、多线程的处理能力，PLC-IoT 稳定可靠的连接，以及高品质的系统设备，真正实现声光动态联动。如在生日、节日、纪念日当天，特定时间触发场景面板的就餐模式，智能主机调配智能照明系统、影音娱乐系统，开启声光联动，执行 60 s 的节日彩蛋秀，持续升级，常用常新。

在就餐模式下，明暗交织的光影为美食添加诱人滤镜。无论是家庭聚会、烛光晚餐还是品茗小酌，亲情在家宴上升温。

格调场景能以声音唤起沉浸视界，让光影营造温馨氛围，用感官享受舒适环境。让家里每个角落都有理想模样。

8.4.2 舒适场景

舒适场景能给你想要的舒适，一切都刚刚好。主要包括助睡入睡、起夜和动态零冷水。其中科学助眠，提升睡眠质量，卧室灯光以 1/1000 的精度，渐暖渐弱；空调转换为睡眠模式，窗帘缓缓关闭，音箱播放轻音乐。此时的你，困意袭来，快速入睡；微光呵护，安心起夜。夜间起床，床下感应夜灯即亮起，能看清脚下的同时也不打扰家人。

四季变化，温水无须等待；无论窗外是寒风萧瑟、大雪漫天，还是炎热酷暑，AI 引擎使用智能数据算法，为你动态调整舒适水温。高效节能的同时，可以延缓设备老化。

8.4.3 便捷场景

便捷场景解锁未来家，把简单留给你。包括一键回家模式、灯随人动、场景交互等。其中一键回家模式，进入家门后，轻叩场景面板，小艺语音管家带来温馨问候，温柔的暖黄光次第渐亮，清新空气扑面而来，帮你卸下一天的疲惫；灯随人动，关切随行。深夜回家，廊道夜灯随步行轨迹亮起，免去了频繁开关灯的动作，也不打扰家人休息；场景交互采用语音控制，随时听你号令。

8.4.4 健康场景

健康场景体现在居家节律照明，关爱你的生物钟；健康照明，家居更懂你。保持室内恒温、恒湿、恒净、恒氧，营造绿色健康居住环境。清晨唤醒身体满满能量，还能营造午后小憩的慵懒氛围……由 Harmony OS AI 引擎与智能传感器获取季节、时间、当前室内光线等多个条件后，借助节律照明算法分析，营造出符合自然节律的健康光照环境。

8.4.5 安全场景

安全场景体现在采用系统级的安全，时刻守护你的家。包括安全监控、燃气报警和水浸报警。其中安全监控在每一次离家后，摄像头自动开启，家中情况实时掌握，入侵及时告警；还能远程看护老人、小孩和萌宠；回家后摄像头自动遮蔽，保护隐私；当室内燃气浓度超标，报警器发出高音报警，智慧生活 App 推送提醒的同时燃气阀门自动关闭，窗户自动打开通风，让你远离燃气中毒和火灾；当水管意外破裂，水浸传感器立即发出警报，智慧生活 App 立即推送提醒，水阀自动关闭，避免地板、家具被水浸泡。

8.5 鸿蒙操作系统（HarmonyOS）

8.5.1 操作系统概念与种类

操作系统（Operating System，OS）是协调、管理和控制计算机硬件资源与软件资源的控制程序，是直接运行在"裸机"上的最基本的系统软件，任何其他软件都必须在操作系统的支持下才能运行。操作系统是用户和计算机的接口，同时也是计算机硬件和其他软件的接口。操作系统的功能包括管理计算机系统的硬件、软件及数据资源，控制程序运行，改善人机界面，为其他应用软件提供支持，让计算机系统所有资源最大限度地发挥作用，提供各种形式的用户界面，使用户有一个好的工作环境，为其他软件的开发提供必要的服务和相应的接口等。

主流的计算机操作系统有以下 4 种：Windows、UNIX、Linux 和 macOS，这四种操作系统各有优劣，没有哪一种更好，用户可根据需要选用。

手机上的操作系统主要有 Android（谷歌）、iOS（苹果）、Harmony（鸿蒙）、卓易操作系统（freemen OS）等。

物联网操作系统与传统的个人计算机或个人智能终端（智能手机、平板电脑等）上的操作系统不同，有其独有的特征。这些特征是为了更好地服务物联网应用而存在的，运行物联网操作系统的终端设备，能够与物联网的其他层次结合得更加紧密，数据共享更加顺畅，能够大大提升物联网的生产效率。AIoT 时代物联网操作系统主要有华为鸿蒙 OS 与 Google（谷歌）的 Fuchsia OS。

8.5.2　鸿蒙操作系统发展历程

华为操作系统研发始于运营商领域，华为众多运营商设备采用自研嵌入式操作系统，在交换机、路由器等数据通信领域，华为也推出过实时通信操作系统。随后华为推出了欧拉服务器操作系统，它是具备高安全性、高可扩展性、高性能、开放的企业级 Linux 操作系统平台，能够满足客户从传统 IT 基础设施到云计算服务的需求，已于华为内部云产品商用以及 ICT 产品规模商用，包括消费者云、华为公有云、存储产品、无线产品、云核心网等。时任欧拉系统负责人王成录也预见到物联网时代，操作系统分布式、跨硬件的发展趋势。华为 2015 年便开始分布式操作系统的立项；2017 年内部推出分布式操作系统 1.0 版本，即鸿蒙内核 1.0，逐渐增加资源投入；2018 年任正非听取消费者 BG 业务汇报，高度认可自研分布式操作系统；2019 年分布式操作系统正式命名为"鸿蒙"，2019 年 5 月 24 日，国家知识产权局商标局网站显示，华为已申请"华为鸿蒙"商标，2019 年 8 月 9 日，华为在东莞举行华为开发者大会，正式发布操作系统鸿蒙 OS。鸿蒙 OS 是一款全场景分布式 OS，可按需扩展，实现更广泛的系统安全，主要用于物联网，特点是低时延。鸿蒙 OS 实现模块化耦合，对应不同设备可弹性部署，鸿蒙 OS 有三层架构，第一层是内核，第二层是基础服务，第三层是程序框架。2019 年 8 月 10 日，荣耀正式发布荣耀智慧屏、荣耀智慧屏 Pro，搭载鸿蒙操作系统。它的诞生拉开永久改变操作系统全球格局的序幕。

2020 年 8 月，在中国信息化百人会 2020 年峰会上，华为消费者业务 CEO 余承东表示，鸿蒙截至 2020 年 8 月已经应用到华为智慧屏、华为手表上，未来有信心应用到 1+8+N 全场景终端设备上；2020 年 9 月 10 日，华为鸿蒙系统升级至华为鸿蒙系统 2.0 版本，即 HarmonyOS 2.0，并面向 128 KB～128 MB 终端设备开源。2020 年 12 月 16 日，华为正式发布 HarmonyOS 2.0 手机开发者 Beta 版本。华为消费者业务软件部总裁王成录表示，2020 年已有美的、九阳、老板电器、海雀科技搭载鸿蒙 OS。

2021 年 2 月 22 日晚，华为正式宣布 HarmonyOS 将于 4 月上线，华为 Mate X2 将首批升级；2021 年 3 月，华为消费者业务软件部总裁、鸿蒙操作系统负责人王成录表示，2021 年搭载鸿蒙操作系统的物联网设备（手机、Pad、手表、智慧屏、音箱等智慧物联产品）有望达到3亿台；2021年4月22日，华为 HarmonyOS 应用开发在线体验网站上线。2021年5月18日，华为宣布华为 HiLink 将与 HarmonyOS 统一为 HarmonyOS Connect。

2021年6月2日晚，华为正式发布 HarmonyOS 2 及多款搭载 HarmonyOS 2 的新产品。这也意味着"搭载 HarmonyOS 的手机"已经变成面向市场的正式产品。

2021年10月22日，华为开发者大会2021（Together）于东莞松山湖开幕，大会主题为"未来，有迹可循"，同期发布了 HarmonyOS 3.0 开发者预览版；2021年10月27日，Eclipse 基金会发布公告，宣布推出基于鸿蒙 Open Harmony 的操作系统 Oniro。

2021年11月17日，HarmonyOS 迎来第三批开源，新增开源组件769个，涉及工具、网络、文件数据、UI、框架、动画图形及音视频七大类。HarmonyOS 前两次开源已上线超过700个 Java/JS 组件。

8.5.3 鸿蒙操作系统2.0

鸿蒙操作系统2.0（HarmonyOS 2.0）适用于智能手机、平板电脑、智能手表、智能电视以及众多 IoT 智能终端，给应用带来更多流量入口，给设备带来更好的互联体验。该系统实现硬件互助、资源共享；同时该系统也能够实现一次开发，多端部署以及统一 OS，弹性部署，并且该系统在安全和隐私方面也有较大的提升。真正兑现了"万物互联"新一代操作系统这一定位。

由于多数消费者使用的操作系统都是割裂的，比如说智能手机、平板电脑、智能手表以及其他智能终端都是不同的操作系统，相互协同就比较麻烦。鸿蒙操作系统的优势是一套操作系统，采用分布式技术可以自动适配不同的终端，不同设备之间通过软总线来连接，所以多设备之间的协同就非常方便、简单。

华为消费者业务软件部总裁王成录在发布会上介绍，鸿蒙操作系统是一个全栈解耦的架构，一套代码可以在手机上使用，也可以在手表以及很多小设备上使用。"鸿蒙操作系统有统一控制中心，多设备之间可以组成超级终端，从而选择最适合的设备。比如在手机上播放音乐，组成超级终端后，可以把音乐用音箱放出来。"

如今每个家庭和每个人都拥有多个智能终端，如果都搭载鸿蒙操作系统的话，那么不同设备之间的组合和调动将更方便。

多种设备之间通过 HarmonyOS 2.0 能够实现硬件互助、资源共享，依赖的关键技术包括分布式软总线、分布式设备虚拟化、分布式数据管理以及分布式任务调度等。

1. 分布式软总线

分布式软总线是手机、平板、智能穿戴、智慧屏、车机等分布式设备的通信基座，HarmonyOS 2.0 为设备之间的互联互通提供了统一的分布式通信能力，为设备之间的无感发现和零等待传输创造了条件。开发者只需聚焦于业务逻辑的实现，无须关注组网方式与底层协议。

2. 分布式设备虚拟化

分布式设备虚拟化平台可以实现不同设备的资源融合、设备管理、数据处理，多种设备共同形成一个超级虚拟终端。HarmonyOS 2.0 针对不同类型的任务，为用户匹配并选择能力合适的执行硬件，让业务连续地在不同设备间流转，充分发挥不同设备的能力优势，如显示能力、摄像能力、音频能力、交互能力以及传感器能力等。

3. 分布式数据管理

分布式数据管理基于分布式软总线的能力，实现应用程序数据和用户数据的分布式管理。在 HarmonyOS 2.0 中，用户数据不再与单一物理设备绑定，业务逻辑与数据存储分离，跨设备的数据处理如同本地数据处理一样方便快捷，让开发者能够轻松实现全场景、多设备下的数据存储、共享和访问，为打造一致、流畅的用户体验创造了基础条件。

4. 分布式任务调度

HarmonyOS 2.0 的分布式任务调度基于分布式软总线、分布式数据管理、分布式 Profile 等技术特性，构建统一的分布式服务管理（发现、同步、注册、调用）机制，支持对跨设备的应用进行远程启动、远程调用、远程连接以及迁移等操作，能够根据不同设备的能力、位置、业务运行状态、资源使用情况，以及用户的习惯和意图，选择合适的设备运行分布式任务。

8.5.4　鸿蒙操作系统 3.0

华为发布 HarmonyOS 3.0 开发者预览版相较于 HarmonyOS 2.0 在功能上有很大的升级，其功能包括弹性部署、超级终端、一次开发多端部署。

1. 弹性部署

HarmonyOS 3.0 提升了弹性部署能力，升级之后华为设备间的组合会更为灵活。例如华为手机、平板电脑可以同时与 PC 联动，实现三屏协同，贯通手机、平板、PC 三大件之间操作，配合不同行业、不同业务会有很大的应用前景。华为智慧屏可以同时连接四台 Sound X 智能音箱，组成更大的家庭影院。

2. 超级终端

超级终端能够将更多的设备连接在一起，并且在设备发现性能和应用流转稳定性、跨端操作上相较于 Harmony 2.0 会有很大的提升。

3. 一次开发多端部署

一次开发多端部署是指开发者只要在计算机上开发过一次之后，就可以在其他华为的设备上进行直接部署，有点像 Java 只需要编写一次就能到处运行。

另外依托于 HarmonyOS 3.0 分布式计算能力，还能将 PC 的 GPU 性能分享给手机。例如用手机玩手游，可能会由于性能不足出现卡顿掉帧等问题，但是借由 HMS Core 6 和 HarmonyOS 3.0 的分布式能力，可以将 PC 显卡的性能分享给手机，借此提升手机性能。

在开发工具方面，HarmonyOS 3.0 开发者预览版为开发者配备一套完整的开发工具和设计系统，让不同设备实现统一的 UI、功能开发，强化一次开发多端应用。另外，该系统集成了方舟编译器 3.0，实现一次编译，跨设备运行。

8.6　华为 HarmonyOS Connect 物联网连接协议

在智能家居领域不仅要解决设备智能化的问题，还需要解决智能设备的互联互通协议的问题。2015 年 12 月 12 日在荣耀两周年庆的发布会上，荣耀总裁赵明在深圳发布了华为 HarmonyOS Connect 连接协议。华为 HarmonyOS Connect 协议是智能设备之间的"普通话"。它可以快速接入，简单易用，安全可靠，兼容多协议，SDK 开放。2021 年 10 月 22 日~24

日在东莞松山湖举办华为开发者大会上，华为消费者 BG 首席战略官邵洋介绍用三把钥匙打开未来家大门，全面加速全屋智能商业化。其中 2D 使能，重塑开发经验。华为 HarmonyOS Connect 全面升级到鸿蒙智联，通过鸿蒙智联生态赋能认证体系，帮助更多开发者将单品融入全屋体验，放大商业成功。此外，华为全屋智能还为产品伙伴提供全生命周期服务平台，大大提高开发效率，让开发周期缩短至两周。

8.6.1　协议的意义

HarmonyOS Connect 协议是华为开发的智能家居开放互联平台，目的是解决各智能终端之间互联互动问题，构建智能家庭网络。让接入该平台的各个智能终端之间"讲故事"，从而实现联动和为消费者提供全新的生活体验。

对于用户来说，支持华为 HarmonyOS Connect 的终端之间，可以实现自动发现，一键连接，无须烦琐的配置和输入密码。华为 HarmonyOS Connect 智能终端网络中，配置修改可在终端之间自动同步，实现智能配置学习，无须手工修改费时费力。通过华为 HarmonyOS Connect 开放协议的终端，通过智能网关、智能家居云，通过 App 实现设备的远程控制。

对于行业来说，华为通过提供开放的 SDK 和构建开发者社区来为开发者提供全面的指导，帮助开发者从开发环境构建到集成、测试、提供一站式开发服务。由华为 HarmonyOS Connect 智能家居互联平台，华为将与所有智能硬件厂商一起，形成开放、互通、共建的智能家居生态。

8.6.2　协议的主要功能

1. 智能连接

（1）支持自动发现华为 HarmonyOS Connect 设备。

（2）支持在智能网关的场景下一键完成设备入网配置。

（3）支持网络参数发生变化时自动同步，无须重新配置。

（4）支持多个智能网关分布式部署，设备自动切换。

2. 智能联动

（1）支持华为 HarmonyOS Connect 开放协议的终端，可以接入智能网关、智能家居云，并支持通过 App 对设备进行远程控制，也支持设备之间的联动控制。

（2）支持一个 App 完成设备管理和控制，统一入口，统一体验。

（3）支持通过手机 App 完成多设备联动和场景设置。

（4）支持通过智能网关实现局域网内设备联动。

（5）支持通过接入智能家居云实现云端设备联动。

8.6.3　协议策略

华为 HarmonyOS Connect 协议的策略是开放公建，拒绝封闭。

（1）开放设备侧 SDK，帮助智能硬件厂商快速集成华为 HarmonyOS Connect 协议。

（2）开放 App 侧 HTML5 插件，支持厂家定制设备控制页面。

（3）云端通过开放 API，实现和第三方云的协议对接和数据共享。

（4）开放智能网关插件平台，可以支持主流协议，如 Google weave 协议的对接。

8.6.4　协议框架

华为 HarmonyOS Connect 开放互联协议架构可连接人、端、云。协议框架主要部件有：

（1）华为 HarmonyOS Connect Device，开放终端 SDK、OS 和芯片能力。

- 集成华为 HarmonyOS Connect SDK，实现终端快速入网、能力开放和设备间互操作。
- 可支持 WiFi/ZigBee/Bluetooth。

（2）华为智能家居 App，开放海量手机入口。

- 统一入口、统一体验。
- 单设备管理和控制。
- 多设备联动和场景设置。

（3）华为 HarmonyOS Connect Cloud，开放云端数据共享。

- 多设备管理。
- 场景联动。
- 远程控制。
- 音视频媒体能力。
- OpenAPI 第三方对接。

（4）华为 HarmonyOS Connect Router，开放智能家居路由平台。

- 一键连接、自组网、自动漫游。
- 多设备协同和场景联动。
- 多协议、多标准转换。

8.6.5　技术方案

HarmonyOS Connect 生态中的开发者可以在 HarmonyOS Connect 智能硬件开发者平台中进行开发。平台开放 HarmonyOS Connect、SDK、Lite OS、物联网芯片、安全和人工智能等核心技术能力，如图 8-18 所示。

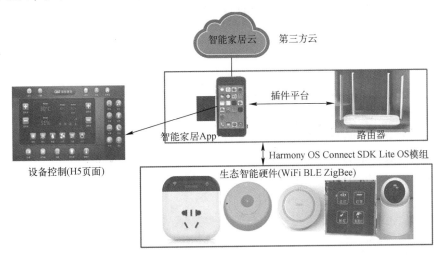

图 8-18　HiLink 平台技术方案示意图

1. HarmonyOS Connect 智能设备

平台提供 HarmonyOS Connect SDK, 支持 WiFi、BLE、ZigBee 等联网方式, 帮助智能硬件厂商快速集成华为 HarmonyOS Connect 协议。

2. 智能家居 App

平台提供标准的 HTML5 的设备控制页面, 开发者也可以基于 JavaScript API 接口, 进行智能设备控制界面的开发。

3. HarmonyOS Connect 智能家居云

云端通过开放 API, 实现和第三方云的协议对接和数据共享。

4. 智能路由开放平台

智能路由开放平台, 可以支持主流智能家居协议的转换, 实现第三方设备的控制。

实训 8　参观华为全屋智能体验馆

实训 8　参观华为全屋智能体验馆

1. 实训目的

(1) 了解华为全屋智能体验馆的主要场景设置。

(2) 了解华为全屋智能体验馆网络构成。

(3) 熟悉华为全屋智能体验馆主要控制方式。

(4) 掌握华为全屋智能家居的组成。

2. 实训场地

参观学校附近的华为全屋智能体验馆(体验厅)。

3. 实训步骤与内容

(1) 提前与华为全屋智能体验馆(体验厅)联系, 做好参观准备。

(2) 分小组轮流进行参观。

(3) 由教师或体验馆(体验厅)人员为学生讲解。

4. 实训报告

写出实训报告, 包括参观收获、遇到的问题及心得体会。

思考题 8

1. 华为升级版 "1+2+N 解决方案" 的内容是什么?

2. 华为全屋智能主机内部结构如何?

3. 熟悉华为全屋智能两张网与双核心部件。

4. 熟悉鸿蒙操作系统 (HarmonyOS)。

5. 了解华为 HarmonyOS Connect 物联网连接协议。

参 考 文 献

[1] 刘修文，陈铿，等．物联网技术应用：智能家居［M］．2版．北京：机械工业出版社，2019.

[2] 刘修文，徐玮，等．物联网技术应用：智能家居［M］．北京：机械工业出版社，2015.

[3] 刘修文，阮永华，陈铿．智慧家庭终端开发教程［M］．北京：机械工业出版社，2018.

[4] 刘修文，等．智能硬件开发入门［M］．北京：中国电力出版社，2018.

[5] 刘修文，等．小丁学智能家居［M］．北京：中国电力出版社，2014.

[6] 方娟，等．物联网应用技术：智能家居［M］．北京：人民邮电出版社，2021.

[7] 林凡东，徐星．智能家居控制技术及应用［M］．北京：机械工业出版社，2017.

[8] 董健．物联网与短距离无线通信技术［M］．2版．北京：电子工业出版社，2016.

[9] 住房和城乡建设部．住房和城乡建设部解读《关于加快发展数字家庭 提高居住品质的指导意见》［EB/OL］．（2021-04-24）［2022-02-14］．http://www.gov.cn/zhengce/2021-04/24/content_5601838.htm.

[10] 前瞻经济学人．预见2021：《2021年中国智能家居产业全景图谱》［EB/OL］．（2021-05-25）［2022-02-14］．https://baijiahao.baidu.com/s?id=1700692325944581204&wfr=spider&for=pc.

[11] 中国移动．中国移动千兆宽带网络规划建设指导意见（2020版）［EB/OL］．（2020-04-10）［2022-02-14］．https://wenku.baidu.com/view/6212660a41323968011ca300a6c30c225801f071.html.

[12] 工信部．十部门印发《5G应用"扬帆"行动计划（2021—2023年)》［EB/OL］．（2021-07-12）［2022-02-14］．https://www.miit.gov.cn/zwgk/zcwj/wjfb/txy/art/2021/art_8b833589fa294a97b4cfae32872b0137.html.

[13] 中国证券网．工信部印发关于深入推进移动物联网全面发展的通知［EB/OL］．（2020-05-07）［2022-02-14］．https://baijiahao.baidu.com/s?id=1666020385803238534&wfr=spider&for=pc.

[14] 赛迪智库．2021年中国人工智能产业发展形势展望［EB/OL］．（2021-02-02）［2022-02-14］．http://www.chuangze.cn/third_1.asp?txtid=3758.

[15] 人民网．人工智能如何实现安全可控？张钹院士：发展第三代人工智能［EB/OL］．（2021-06-04）［2022-02-14］．https://www.sohu.com/a/470452952_114731.

[16] 工信部．五部门关于印发《国家新一代人工智能标准体系建设指南》的通知［EB/OL］．（2020-08-07）［2022-02-14］．https://www.miit.gov.cn/xwdt/gxdt/sjdt/art/2020/art_9be2b8102b284905979b91d66b06fffd.html.

[17] 咪付．2D与3D人脸识别详解［EB/OL］．（2019-05-08）［2022-02-14］．https://baijiahao.baidu.com/s?id=1632948467718462802&wfr=spider&for=pc.

[18] 中国新闻网．民政部："十四五"期间将扩大家庭养老床位试点范围［EB/OL］．（2021-06-18）［2022-02-14］．http://www.chinanews.com/gn/2021/06-18/9502141.shtml.

[19] 中国科技网．《2021年运动与睡眠白皮书》显示：我国超3亿人存在睡眠障碍［EB/OL］．（2021-03-18）［2022-02-14］．https://baijiahao.baidu.com/s?id=1694572337601425709&wfr=spider&for=pc.